Matthias Bruchmüller

Berechnung des Elastizitätsmoduls von Verbundwerkstoffen unter Berücksichtigung der Adhäsion an der Faser-Matrix-Grenzfläche

Fertigungstechnik –
aus den Grundlagen für die Anwendung

Schriften aus der Ilmenauer Fertigungstechnik

Herausgegeben von
Univ.-Prof. Dr.-Ing. habil. Jean Pierre Bergmann
(Technische Universität Ilmenau).

Band 14

Berechnung des Elastizitätsmoduls von Verbundwerkstoffen unter Berücksichtigung der Adhäsion an der Faser-Matrix-Grenzfläche

Ein Beitrag am Beispiel kurzfaserverstärkter Thermoplaste

Matthias Bruchmüller

2., korrigierte Auflage

Universitätsverlag Ilmenau
2022

Impressum

Bibliografische Information der Deutschen Nationalbibliothek
Die Deutsche Nationalbibliothek verzeichnet diese Publikation in der Deutschen Nationalbibliografie; detaillierte bibliografische Angaben sind im Internet über http://dnb.d-nb.de abrufbar.

Diese Arbeit hat der Fakultät für Maschinenbau der Technischen Universität Ilmenau als Dissertation vorgelegen.

Tag der Einreichung:	03. Februar 2021
1. Gutachter:	Univ-Prof. Dr.-Ing. habil. Jean Pierre Bergmann (Technische Universität Ilmenau)
2. Gutachter:	Prof. Dr.-Ing. Volker Schöppner (Universität Paderborn)
3. Gutachter:	Prof. Dr.-Ing. Ulf Kletzin (Technische Universität Ilmenau)
Tag der Verteidigung:	16. September 2021

Technische Universität Ilmenau/Universitätsbibliothek
Universitätsverlag Ilmenau
Postfach 10 05 65
98684 Ilmenau
https://www.tu-ilmenau.de/universitaetsverlag

ISSN 2199-8159
ISBN 978-3-86360-254-3 (Druckausgabe)
DOI 10.22032/dbt.53066
URN urn:nbn:de:gbv:ilm1-2022100027

Danksagung

Die vorliegende Arbeit entstand während meiner Tätigkeit als wissenschaftlicher Mitarbeiter des Fachgebiets Kunststofftechnik der Technischen Universität Ilmenau. In erster Linie gilt mein besonderer Dank dem verstorbenen Fachgebietsleiter Herrn Professor Dr.-Ing. Michael Koch und dem kommissarischen Fachgebietsleiter Herrn Professor Dr.-Ing. habil. Jean Pierre Bergmann für die Betreuung der Arbeit, die fortwährende Unterstützung, die anregenden Diskussionen und den großen Freiraum in der Themenfindung und -bearbeitung. Ich danke für das Vertrauen, für die konstruktive Kritik, die mir sehr wertvoll war.

Weiter möchte ich mich besonders bei Herrn Professor Dr.-Ing. habil. Volker Schöppner sowie Herrn Professor Dr.-Ing. Ulf Kletzin für die Übernahme der Gutachten sowie die wertvollen Anregungen bedanken.

Innerhalb des Fachgebietes Kunststofftechnik gilt mein Dank allen Kolleginnen, Kollegen und Studierenden für die langjährige freundschaftliche Zusammenarbeit. Besonders möchte ich Herrn Dipl.-Ing. Matthias Düngen, Herrn M. Sc. Julius Geis, Herrn M Sc. Robert Hartmann, Herrn Michel Schlosser und Frau Heike Weigel hervorheben.

Nachdrücklich möchte ich mich bei der Thüringer Kunststoffindustrie, den Stiftern und Unterstützern des Fachgebietes Kunststofftechnik, der Fakultät Maschinenbau und dem Thüringer Ministerium für Wirtschaft, Wissenschaft und digitale Gesellschaft bedanken, die trotz des Ablebens von Herrn Professor Koch stets das Fachgebiet Kunststofftechnik an der Technischen Universität Ilmenau unterstützt haben.

Ein großer Dank gilt weiter dem Bundesministerium für Wirtschaft und Energie (BMWi) für die Förderung des Projektes „BasaFaS – Entwicklung eines Prozesses und geeigneter Materialkombinationen zur Herstellung geschäumter, faserverstärkter Dämmmaterialien für Außenfassaden“, in dessen Rahmen der Grundstein für diese Arbeit gelegt wurde.

Abschließend sei Frau Ursel Genz als auch meiner Großmutter Helga Weißbach, meinen Eltern, Petra und Axel Bruchmüller, meinen Geschwistern, meiner Familie, Sabine und Laura sowie meinen Freunden gedankt, die mich bei der Anfertigung der Arbeit stets unterstützt, immer wieder ermutigt und mir diesen Weg ermöglicht haben.

Zusammenfassung

In dieser Arbeit wird erstmalig ein Berechnungsmodell für Elastizitätsmoduln von kurzfaserverstärkten Kunststoffen unter Berücksichtigung der werkstoffspezifischen Haftbedingung in der Faser-Matrix-Grenzfläche vorgestellt und validiert. Dies erfolgt im Rahmen einer Modellerweiterung indem die Oberflächenspannungsanteile der Kontaktpartner herangezogen und Oberflächenrauheiten der Fasern vernachlässigt werden. Die Anwendung des Modells präzisiert die Vorhersagen des Elastizitätsmoduls des Verbundes, was direkte Auswirkungen auf die Eigenfrequenzen und Nachgiebigkeit von Bauteilen insbesondere unter Verwendung nahezu unpolarer Matrices hat.

Ein einmaliger Vorteil der Modellerweiterung besteht in der Möglichkeit Kreuzvergleiche zwischen den zu kombinierenden Materialien durchzuführen. Kombinationsspezifische Untersuchungen, wie Einzelfaserauszugstests einer spezifischen Faser-Matrix-Kombination, sind nicht mehr notwendig. Die Messung der Oberflächenspannungsanteile der gewählten Materialien erfolgt unter Verwendung dreier Testflüssigkeiten: destilliertes Wasser, Dimethylsulfoxid und Ethylenglycol. Darüber hinaus ist die Messung unter Einsatztemperatur zu empfehlen, die in vielen Fällen im Bereich der Raumtemperatur und im Rahmen dieser Untersuchungen bei 23 °C liegt. Zur Sicherstellung einer vollständig ausgeprägten Kontaktfläche zwischen Faser und Matrix muss ein Spreiten der Matrix auf der Faseroberfläche vorliegen. Hierbei muss die Gesamtoberflächenspannung der Matrix stets kleiner sein als die Gesamtoberflächenspannung der Faser oder gleichwertig.

Die Modellerweiterung wird anhand geeigneter Faser- und Matrixwahl auf die Effekte der physikalischen Adhäsion reduziert, um dessen Einfluss klar herauszuarbeiten. Die eigenen Untersuchungen zeigen die Abweichungen der etablierten Modelle von bis zu 25 %, die mit der neuartigen Modellerweiterung stets im Bereich der Messunsicherheit des Elastizitätsmoduls des Verbundes aus den Zugversuchen liegen. Schließlich wird die Modellerweiterung an Daten aus der Literatur erprobt.

Die Verbesserung der Vorhersage des Elastizitätsmoduls des Verbundes ermöglicht es, bereits in der Konzeptionsphase ein zuverlässiges elastisches Deformationsverhalten vorherzusagen und Materialwechsel oder Funktionsfaktoren im Entwicklungsprozess zu minimieren bis verhindern.

Abstract

In this thesis, a calculation model for the Young's Modulus of short-fiber reinforced plastics is presented and validated for the first time, taking into account the material-specific adhesion conditions in the fiber-matrix interface. This is done in the context of a model extension in that the surface tension components of the contact partners are used and the surface roughness of the fibers is neglected. The application of the model makes the predictions of the Young's Modulus of the composite more precise, which has a direct impact on the natural frequencies and flexibility of components, especially when using almost non-polar matrices.

A unique advantage of the model extension is the possibility of cross-comparisons between the materials to be combined. Combination-specific examinations, such as individual fiber extraction tests of a specific fiber-matrix combination, are no longer necessary. The surface tension fractions of the selected materials are measured using three test liquids: distilled water, dimethyl sulfoxide and ethylene glycol. In addition, the measurement at operating temperature is recommended, which in many cases is in the range of room temperature and in the context of these investigations it is 23 °C. To ensure a fully developed contact area between fiber and matrix, the matrix must spread on the fiber surface. The total surface tension of the matrix must always be smaller than the total surface tension of the fiber or equal.

The model extension is reduced to the effects of physical adhesion based on suitable fiber and matrix selection in order to clearly work out its influence. The own investigations show the deviations of the established models of up to 25 %, which with the new model extension are always in the range of the measurement uncertainty of the Young's Modulus of the composite from the tensile tests. Finally, the model extension is tested on data from the literature.

The improvement of the prediction of the Young's Modulus of the composite makes it possible to predict reliable elastic deformation behavior already in the conception phase and to minimize or even prevent material changes or functional factors in the development process.

I Inhaltsverzeichnis

II Formelzeichen und Abkürzungen

Formelzeichen	Einheit	Beschreibung
A	[µm²]	Querschnittsfläche des Beispielträgers
A_f	[µm²]	Querschnittsfläche der Faser
A_{Hex}	[µm²]	Fläche der hexagonalen Einheitszelle
a_i	[--]	Anteil des Sektorwinkels ζ_i an der Gesamtorientierung
b	[mm]	Scheinbare Faserlänge in der Ebene YZ
c	[mm]	Scheinbare Faserlänge in der Ebene XY
E	[MPa]	Elastizitätsmodul
E_0	[MPa]	Adhäsionsverlustfreier Elastizitätsmodul
E_{11}	[MPa]	longitudinaler Elastizitätsmodul
E_{22}	[MPa]	transversaler Elastizitätsmodul
E_{ber}	[MPa]	Berechneter Elastizitätsmodul des Verbundes
E_f	[MPa]	Elastizitätsmodul der Faser
E_m	[MPa]	Elastizitätsmodul der Matrix
E_{max}	[MPa]	Maximaler Elastizitätsmodul
E_{mess}	[MPa]	Gemessener Elastizitätsmodul des Verbundes
E_{min}	[MPa]	Minimaler Elastizitätsmodul
E_s	[MPa]	Elastizitätsmodul bei Erreichen der Streckdehnung
E_V	[MPa]	Elastizitätsmodul des Verbundes
F	[N]	Kraft
f	[--]	Normierte Eigenfrequenz eines Beispielträgers
f_{bie}	[--]	Normierte Eigenfrequenz unter Biegeschwingung
$f_{längs}$	[--]	Normierte Eigenfrequenz unter Längsschwingung
f_{tor}	[--]	Normierte Eigenfrequenz unter Torsionsschwingung

Formelzeichen	Einheit	Beschreibung
G	[MPa]	Schubmodul
G_m	[MPa]	Schubmodul der Matrix
g	[m/s²]	Gravitationskonstante
I_p	[mm⁴]	Polares Flächenträgheitsmoment
I_z	[mm⁴]	Äquatoriales Flächenträgheitsmoment
k	[%]	Kristallisationsgrad
L_d	[km]	Dehnlänge
l	[mm]	Länge des Beispielträgers
l_f	[µm]	Anzahlgemittelte Faserlänge
l_{krit}	[µm]	kritische Faserlänge
M	[Nm]	Moment
m	[kg]	Masse
n	[--]	Anzahl des Eigenwerts; $n \in \mathbb{N}$
n_f	[--]	Faseranzahl
P	[µm]	Scheinbare Faserlänge entlang der Fließrichtung aus 2D-Mikroskopiebild
Q	[µm]	Hilfslänge
q	[ ]	Proportionalitätsfaktor
R	[mm]	Radius des Abstands der Fasern zueinander
r	[µm]	Faserradius
r_i	[µm]	Innenkreisradius
R_f	[MPa]	Widerstand der Faser
R_m	[MPa]	Widerstand der Matrix
R_{res}	[MPa]	Resultierender Widerstand des Verbundes
R_S	[MPa]	Streckspannung

Formelzeichen	Einheit	Beschreibung
S	[mN/m]	Spreitkoeffizient
s_{max}	[%]	Maximale Standardabweichung
s_{min}	[%]	Minimale Standardabweichung
T	[°C]	Temperatur
t_1	[µm]	Höhe des Endpunktes der Faser in YZ Ebene
t_2	[µm]	Höhe des Endpunktes der Faser in XY Ebene
t_z	[mm]	Formteildicke
V	[cm³]	Volumen
W_a	[mN/m]	Adhäsionsarbeit
W_c	[mN/m]	Kohäsionsarbeit
α	[°]	Auslenkungswinkel bei Torsionsbeanspruchung
α_{xy}	[°]	2D-Orientierungswinkel aus Ebene-XY
α_{yz}	[°]	2D-Orientierungswinkel aus Ebene-YZ
β	[µm]	Schubverzerrungsparameter
γ_1	[mN/m]	Oberflächenspannung des Feststoffes
γ_1^d	[mN/m]	Disperser Anteil von γ_1
γ_1^p	[mN/m]	Polarer Anteil von γ_1
γ_2	[mN/m]	Oberflächenspannung der Flüssigkeit
γ_2^d	[mN/m]	Disperser Anteil von γ_2
γ_2^p	[mN/m]	Polarer Anteil von γ_2
γ_{12}	[mN/m]	Grenzflächenspannung
ε	[%]	Dehnung
$\dot{\varepsilon}$	[1/s]	Dehnrate
ε_{el}	[%]	Elastische Dehnung

Formelzeichen	Einheit	Beschreibung
ζ	[°]	3D-Orientierungswinkel
ζ_i	[°]	3D-Orientierungswinkel des Sektors i
η_0	[--]	Orientierungswinkelabhängiger Faktor nach Krenchel
η_1	[--]	Längenabhängiger Abschwächungsfaktor nach Cox
η_{halpin}	[--]	Longitudinaler Korrekturfaktor
η_{phy}	[--]	Effizienzfaktor physikalischer Adhäsion
η_T	[--]	Transversaler Korrekturfaktor
Θ	[°]	Kontaktwinkel
λ_n	[--]	Eigenwert
ν	[--]	Querkontraktionszahl
ξ	[--]	Aspektverhältnis
o	[°]	Schubdehnung
ρ	[g/cm³]	Dichte
σ	[MPa]	Spannung
σ_F	[MPa]	Spannung in der Faser
τ	[MPa]	Schubspannung
τ_{Gr}	[MPa]	Schubspannung an der kohäsiven Faser-Matrix-Grenzfläche
τ_0	[MPa]	Adhäsionsverlustfreie Schubspannung
φ_f	[--]	Faservolumengehalt
ϕ_f	[--]	Federwiderstands-Volumenanteil der Faser
ω	[--]	Proportionalitätskonstante
y	[mm]	Verformung aufgrund einer Kraft- oder Momenteinwirkung

Abkürzung	Beschreibung
BF	Basaltfaser
DSC	Dynamische Differenzkalorimetrie
E-Modul	Elastizitätsmodul
EP	Epoxidharz
Gew.-%	Gewichtsprozent
GF	E-Glasfaser
k. Ang.	Keine Angabe
L/D-Verhältnis	Verhältnis der Länge zum Durchmesser
MAH	Maleinsäureanhydrid
MFI	Schmelzfließindex
OWRK	Steht für die Herren Owens, Wendt, Rabel und Kaelble
PA	Polyamid
PA 6.6	Polyamid 6.6
PE	Polyethylen
PP	Polypropylen
REM	Rasterelektronenmikroskop
TGA	Thermogravimetrische Analyse
Vgl.	Vergleiche
Vol.-%	Volumenprozent
ZSK	Zweischneckenkneter

1 Einleitung

Das steigende Interesse an Energieeinsparung durch Gewichtsreduktion im Fahrzeugbau aufgrund der Abwendung vom kraftstoff- zum elektrisch angetriebenen Fahrzeug sowie der freiwilligen und gesetzlichen Anforderungen zur Schonung von Umwelt und Ressourcen veranlasst Ingenieure, Fahrzeuge aus optimierten Auslegungsstrategien und Werkstoffen zu konzipieren. Dies erzeugt eine Mischung von Materialien, mit dem Schwerpunkt Dichte in Kombination spezifischer Eigenschaften, Verarbeitungsmöglichkeiten, Recyclingfähigkeiten und Kosten. Leichtbauwerkstoffe wie Aluminium, höchstfeste Stähle oder Verbundwerkstoffe auf Thermoplastbasis werden gleichzeitig eingesetzt, um die Vorteile des jeweiligen Werkstoffs zu nutzen. [Hal97]

Abbildung 1.1: Einsatz recyclingfähiger Thermoplaste am Beispiel der Mercedes B-Klasse [Daimler Global Media]

Aus Abbildung 1.1 ergibt sich, dass sich eine eindeutige Aussage über die Eignung eines Werkstoffs nur in Kombination mit dem vorliegenden Konzept, inklusive der Bauräume und erforderlichen Eigenschaften, treffen lässt. Dabei ist die Zuhilfenahme von Berechnungen und Simulationen unumgänglich, um die Möglichkeiten in der Kombination von Werkstoffen und Gestaltung zu sinnvollen Lösungsansätzen im Sinne des Leichtbaus in Einklang mit der Wirtschaftlichkeit zu betrachten. Ebenso ist erkenntlich, dass kurzfaserverstärkte Polyamide vorrangige Vertreter kunststoffbasierter Leichtbauwerkstoffe sind. Doch auch kurzfaserverstärkte Thermoplaste mit noch geringerer Dichte als Polyamid, wie zum Beispiel Polypropylen (PP), werden derzeit im Fahrzeugbau mit steigendem Interesse analysiert. „In den letzten acht Jahren stieg die globale Nachfrage nach PP in der Fahrzeugindustrie um durchschnittlich 3,1 % pro Jahr“ [CER16]. In diesem Fall spielen nicht nur die Kosten der Materialien und die gestalterischen Freiheitsgrade, sondern auch das mechanische Verhalten und dessen Beeinflussungsmöglichkeit eine bedeutende Rolle.

Vorteilhaft sind die geringen Kosten des PP in Kombination mit dessen hervorragender Recyclingfähigkeit [Tim19], Hydrophobie und Einsatztemperaturen bis 110 °C. Dem gegenüber stehen nachweislich rechnerische Überschätzungen des Elastizitätsmoduls im Verbund mit Fasern. Der tatsächliche Elastizitätsmodul des Verbundes liegt zumeist 10 % bis 50 % [Oev00, Yua08, Yag17], teilweise gar 55 % unterhalb der Berechnungsergebnisse [Cor18]. Folglich wird in den Berechnungen der E-Modul des Verbundes kurzfaserverstärkter Kunststoffe oft überschätzt. Je später der tatsächliche Elastizitätsmodul des Verbundes durch Messungen bestimmt wird, desto häufiger werden Iterationsdurchläufe im Zeitraum der Entwicklung erwartet. Zusätzlich steigen die Fehlerbeseitigungskosten mit jeder Wertschöpfungsstufe um Faktor zehn [Ber81, Pfe10, Bru20]. Ein Materialwechsel wird mit fortschreitender Wertschöpfungsstufe kostenintensiver und kann aufgrund von Zertifizierungen und Vorlaufprozessen ab einer spezifischen Stufe nicht mehr vorgenommen werden. Die Folge sind steigende Bauteilmassen, die erhöhte Baugruppenmassen nach sich ziehen können. Beispielsweise benötigt ein Fahrzeug mit schwerer Karosserie für gleiche Beschleunigungs- und Bremswerte größere und damit schwerere Motoren und Bremsen.

Mangelnde Kenntnis und mangelnde Berücksichtigung signifikanter Einflüsse in der Grenzfläche zwischen Faser und Matrix bei einer Elastizitätsmodulberechnung eines Verbundwerkstoffs führen derzeit zum willkürlich erscheinenden Einsatz von haftvermittelnden Substanzen, die in der Grenzfläche wirken sollen und zu häufig erhöhten Funktionsfaktoren, die die Unkenntnis über die E-Modul-reduzierenden Effekte in der Grenzfläche kaschieren.

Der in dieser Arbeit geplante Erkenntnisgewinn über die E-Modul-bestimmenden Einflussgrößen in der Grenzfläche soll es ermöglichen, haftvermittelnde Substanzen bedarfsgerecht zu dosieren und Überdimensionierungen zu verhindern, sodass im Serienprodukt die Gewichts- und Kosteneinsparungen kurzfaserverstärkter Thermoplaste vollumfänglich genutzt werden können. Dies ermöglicht auch, das treffen strategischer Entscheidungen, um kosteneffiziente E-Modulsteigerungen des Verbundes zu erzielen. Mit einem umfassenden Berechnungsmodell wäre beispielsweise schnell ersichtlich, ob der Elastizitätsmodul des Verbundes entweder durch Anpassung haftvermittelnder Substanzen (Materialanpassung) oder durch höhere Faserlängen im Formteil (Prozessanpassung) effizienter steigt.

Aus diesen Gründen liegt der Schwerpunkt der Arbeit in der Berücksichtigung der Grenzfläche zwischen Faser und Matrix bei der Ermittlung des Elastizitätsmoduls des Verbundwerkstoffs.

2 Stand der Technik

2.1 Auswahl von Matrixwerkstoffen unter isotropen Leichtbauaspekten

Die Leichtbaueigenschaften faserverstärkter Kunststoffe im Sinne von Leichtbaukennzahlen werden insbesondere durch die mechanischen Eigenschaften der Faser verbessert, denn im Regelfall steigt die Dichte des Verbundwerkstoffs durch eine Verstärkungsfaserzugabe an. Wie einleitend geschrieben, dominieren Polyamide als Matrixwerkstoffe die Kurzfaserverbunde im Mobilitätssektor. Diese Wahl ist allein aufgrund der Dichte des Kunststoffs nicht nachvollziehbar (Tabelle 2.1).

Tabelle 2.1: Dichteunterschiede ausgewählter Werkstoffe und faserverstärkter Verbundwerkstoffe

Polyamid 6.6 (PA 6.6)		**Polypropylen (PP)**		**Dichtevorteil durch PP [%]**
Werkstoffbezeichnung	**Dichte [g/cm³]**	**Werkstoffbezeichnung**	**Dichte [g/cm³]**	
PA 6.6	1,14	PP	0,90	**21,1**
PA 6.6 GF 30 Vol.-%	1,593	PP GF 30 Vol.-%	1,425	**10,5**
PA 6.6 CF 30 Vol.-%	1,308	PP CF 30 Vol.-%	1,140	**12,8**

CF – Kohlenstofffaser, GF – E-Glasfaser

In Kombination mit wichtigen physikalischen und mechanischen Kenngrößen (Tabelle 2.2) können Unterschiede in der Materialwahl qualitativ verglichen werden. Dabei ist die Leichtbaukennzahl Dehnlänge, sie setzt die Dichte mit dem Elastizitätsmodul in Relation.

Tabelle 2.2: Auswahl physikalischer und mechanischer Kennwerte und deren Nomenklatur

Physikalische Kenngrößen	
Dichte	$\rho = \frac{m}{V}$ [g/cm³]
Gravitationskonstante	g [m/s²]
Mechanische Kenngrößen	
Streckspannung	R_S [MPa]
Elastizitätsmodul	E [MPa]
Schubmodul	$G = \frac{E}{2*(1+\nu)}$ [MPa]
Querkontraktionszahl	ν
Elastische Dehnung	ε_{el} [%]
Dehnlänge	$L_d = \frac{E}{\rho \cdot g}$ [km]

Werden für den folgenden Vergleich (Tabelle 2.3) allein die Faservolumengehalte berücksichtigt, ist der qualitative Einfluss der Kombination aus Faser und Matrix bereits rechnerisch mit der Mischungsregel nach Voigt ersichtlich. [Voi89]

$$E_V = E_m \cdot (1 - \varphi_f) + E_f \cdot \varphi_f \qquad \text{2.1 [Voi89]}$$

$E_V - Elastizitätsmodul\ des\ Verbundes$ [MPa]

$E_m - Elastizitätsmodul\ der\ Matrix$ [MPa]

$\varphi_f - Faservolumengehalt$

$E_f - Elastizitätsmodul\ der\ Faser$ [MPa]

Für die Berechnungen wurden die Elastizitätsmoduln in Faserrichtung von E-Glasfasern (72,00 GPa) und Kohlenstofffasern (240,00 GPa) Datenblättern entnommen [LAN19, TEI20]. Für die in Tabelle 2.1 vorgestellten Materialkombinationen ergeben sich die folgenden Elastizitätsmoduln der Verbunde und deren Unterschiede (Tabelle 2.3) aufgrund der unterschiedlichen Matrices.

Tabelle 2.3: Einfluss der Matrixauswahl auf die Elastizitätsmoduln ausgewählter Werkstoffe und faserverstärkter Verbundwerkstoffe

Werkstoffbezeichnung	**Elastizitätsmodul [GPa]**	**Werkstoffbezeichnung**	**Elastizitätsmodul [GPa]**	**Elastizitätsmodulreduktion durch PP-Matrix [%]**
PA 6.6^{tr}	3,00	PP	1,10	**-63,33**
PA 6.6^{tr} GF 30 Vol.-%	23,70	PP GF 30 Vol.-%	22,37	**-5,61**
PA 6.6^{tr} CF 30 Vol.-%	73,80	PP CF 30 Vol.-%	72,47	**-1,80**

^{tr} –trocken konditioniert bei 23 °C

Deutlich wird, dass Polyamid 6.6 (PA 6.6) gegenüber Polypropylen (PP) im trocken konditionierten Zustand einen dreifach höheren Elastizitätsmodul aufweist [BAS20, BOR17]. Die Elastizitätsmodulunterschiede der Matrixmaterialien werden durch die Kombination mit den Verstärkungsfasern derart gering, dass der Einfluss der niedrigeren Dichte des PP die Leichtbaueigenschaften dominiert. Dies ist repräsentativ mit einer Kohlenstofffaserverstärkung in Abbildung 2.1 dargestellt. In einer feuchtigkeitsfreien Umgebung reichen bereits drei Volumenprozent an Kohlenstofffasern aus, um das PP-Compound aus Sicht der Dehnlänge zu bevorzugen. Zusätzlich ist dieser Dehnlängenvorteil des PP in den spritzgießrelevanten Faservolumengehalten zwischen fünf und 30 Volumenprozent signifikant. Außerdem wird ersichtlich, dass sich der E-Modul des faserfreien PA 6.6 bei 50 % relativer

Luftfeuchte und 23 °C Umgebungstemperatur auf den Wert von faserfreien PP angleicht [BAS20]. Der E-Modulvorteil des PA 6.6 geht verloren. In der Folge dominiert stets der Dichtevorteil von PP die Leichtbaueigenschaft Dehnlänge. Die Verwendung von PP als Matrixkomponente eines faserverstärkten Thermoplastes ermöglicht es theoretisch, Formteile und Extrudate mit geringerer Masse herzustellen, die ein identisches elastisches Nachgiebigkeitsverhalten aufweisen. (Abbildung 2.1 vgl. Kurvenverlauf PP-CF (grün) zu PA-CF_luftfeucht (grau))

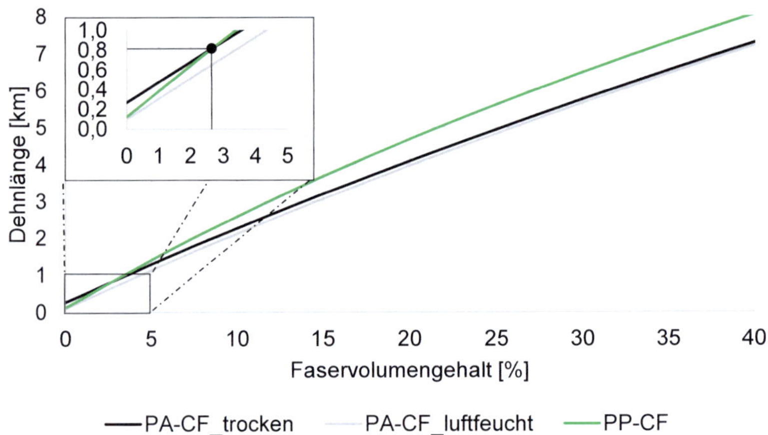

Abbildung 2.1: Dehnlängenvorteil von Polypropylen-Verbundwerkstoffen gegenüber Polyamidverbunden

Anhand der Beispielrechnung aus Tabelle 2.3 wird ersichtlich, dass der Freiheitsgrad der Faserwahl- und Matrixkomponente das Leichtbaupotential der Verbundwerkstoffe beeinflussen kann. Die Genauigkeit und Aussagekraft einer überschläglichen Berechnung reicht jedoch nicht aus, um analytische oder simulationsgestützte Berechnungen der Nachgiebigkeit des Werkstoffs für konstruktive Auslegungen zu verwenden. Aus diesem Grund müssen E-Modulbeeinflussende Eigenschaften der Faser und der Grenzfläche zwischen Faser und Matrix Berücksichtigung finden.

Detailliertere und etablierte Modelle zur Berechnung des E-Moduls des Verbundes liefern insbesondere unter Verwendung von PP-Matrices signifikante Abweichungen zwischen berechnetem und gemessenem E-Modul des Verbundes. Die Abweichungen sind im Regelfall Überschätzungen der Messwerte um ca. 30 % und können im Einzelfall Abweichungen über 55 % annehmen [Tah11, And16, Cor18]. Die Auswirkungen einer solchen E-Modulreduktion werden im Folgeabschnitt in Bezug auf den jeweiligen Belastungsfall ermittelt.

2.2 Auswirkung fehlerhafter Elastizitätsmoduln der Verbunde auf Bauteilmassen und Bauteileigenfrequenzen

Die Potentiale einer freien Werkstoffwahl und –kombination können, insbesondere im Fall PP-Matrix, aufgrund der fehlerhaften Berechnung des E-Moduls des Verbundes oft nicht ausgeschöpft werden. Diese Fehler wirken sich belastungsartabhängig sowohl statisch als auch dynamisch aus. Die Konsequenzen werden folgend am Beispiel eines um 30 % reduzierten E-Moduls des Verbundes aufgezeigt.

Für den nachstehenden Vergleich werden vereinfachend isotrope Werkstoffeigenschaften angenommen. Die Überschätzung dieses E-

Moduls wird in den gewählten Beispielen direkt über eine Querschnittsänderung kompensiert, wobei die kompensationsbedingte Querschnittsänderung hier stets an der Geometrievariable Profilhöhe h angewendet wird. Die betrachteten statischen Lastfälle sind Zug, Biegung und Torsion, gemäß den Darstellungen aus Tabelle 2.4.

Tabelle 2.4: Skizzen betrachteter Lastfälle

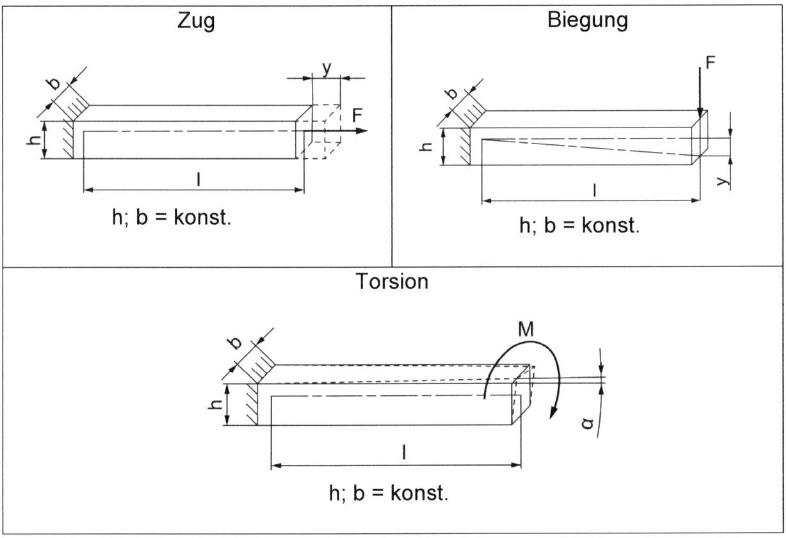

Für einen quadratischen Querschnitt werden Berechnungen mit dem Ziel gleichbleibender Bauteilsteifigkeit durchgeführt. In diesem Beispiel führt ein durchschnittlich 30 % überschätzter Elastizitätsmodul zu Beginn der Entwicklung am Ende zur Erhöhung des wirksamen Querschnitts. Die Erhöhung der Profilhöhe h in den Beispielen ist proportional zu den Massezunahmen der Bauteile. Unter der vereinfachenden Annahme kleiner Auslenkungen und Winkel wird die Massezunahme des jeweiligen Bauteils berechnet und verursacht unter Biegung, als

Belastungsfall mit schlechtester Materialausnutzung, eine Massezunahme von 12,6 %. Unter Zugbelastung steigt die Massezunahme um mindestens 42,8 %, wie in Tabelle 2.5 ersichtlich ist.

Tabelle 2.5: Berechnung des Einflusses eines um 30 % niedrigeren Elastizitätsmoduls auf die Bauteilmasse m eines Beispielträgers

Annahme: $\Delta E = E_{mess}/E_{ber} = 0{,}70$		
Auslegungsziel gleichbleibende Bauteilsteifigkeit entsprechend den Lastfällen		
Zug	Biegung	Torsion
$E \propto \frac{1}{m}$	$E \propto \frac{1}{m^3}$	$E \propto G \propto \frac{1}{(m^3 + m)}$
$\Delta E = 0{,}70 \propto$ $\Delta m = 1{,}428$	$\Delta E = 0{,}70 \propto$ $\Delta m = 1{,}126$	$\Delta G = 0{,}70 \propto$ $\Delta m = 1{,}229$

Die hier beschriebene Profilhöhenzunahme verstärkt den Beispielträger im statischen Fall ausreichend, sodass die erhöhte Nachgiebigkeit kompensiert wird. Dies ist jedoch gleichbedeutend mit einer Massezunahme des Trägers.

Tabelle 2.6: Einfluss verminderter Moduln auf die Grundschwingung eines Beispielträgers

Annahmen: $\Delta E = E_{mess}/E_{ber} = 0{,}70; E = konst.; G = konst.; I_z = konst.; I_p = konst.$		
Betrachtung des Einflusses der Annahme auf die Eigenfrequenz des Trägers		
Längsschwingung	Biegeschwingung	Torsionsschwingung
$E = \frac{f_{längs}^2 \cdot \rho}{\left(\frac{1}{4 \cdot l} + \frac{n}{2 \cdot l}\right)^2}$	$E = \frac{4 \cdot \pi^2 \cdot f_{bie}^2 \cdot \rho \cdot A}{I_z \cdot \lambda_n^4}$	$G = \frac{4 \cdot \pi^2 \cdot f_{tor}^2 \cdot \rho}{\lambda_n^2}$
$E \propto f_{längs}^2$	$E \propto f_{bie}^2$	$E \propto G \propto f_{tor}^2$
$\Delta E = 0{,}70 \propto$ $\Delta f_{längs} = 0{,}837$	$\Delta E = 0{,}70 \propto$ $\Delta f_{bie} = 0{,}837$	$\Delta G = 0{,}70 \propto$ $\Delta f_{tor} = 0{,}837$

Ein fehlerhaft berechneter Elastizitätsmodul hat auch Auswirkungen auf die resultierenden Eigenfrequenzen des Beispielträgers (Tabelle 2.6).

Wenn der Elastizitätsmodul des Trägerwerkstoffs um 30 % geringer ist, als die Berechnung vorhersagt, dann ist auch die tatsächliche Grundschwingung des Trägers um mehr als 16 % verringert. Werden die Profilhöhen- und Massezunahmen, wie in den statischen Lastfällen beschrieben, angewendet, hat dies auch direkte, schwingungsartabhängige Auswirkungen auf die Eigenfrequenzen des Trägers. Vereinfachend wurde die jeweilige Querschnittsanpassung der Schwingungsart zugeordnet: bei Zugbeanspruchung der Längsschwingung, bei Biegung der Biegeschwingung und bei Torsion der Torsionsschwingung.

Tabelle 2.7: Grundschwingungsänderung bei Ausgleich der Nachgiebigkeit durch Profilhöhenanpassung

Längsschwingung	Biegeschwingung	Torsionsschwingung
$\Delta E = 0{,}70 \propto$ $\Delta m = 1{,}428$	$\Delta E = 0{,}70 \propto$ $\Delta m = \Delta h = 1{,}126$	$\Delta G = 0{,}70 \propto$ $\Delta m = 1{,}229$
$dann$ $\Delta f_{längs} = 0{,}837$	$dann$ $\Delta f_{bie} = 0{,}942$	$dann$ $\Delta f_{tor} = 0{,}837$

Die vorgenommenen Querschnittsänderungen wirken sich nicht aus auf die Eigenfrequenzen einer Längs- und Torsionsschwingung unter den getroffenen Annahmen (vgl. Tabelle 2.6 mit Tabelle 2.7). Die verringerten Eigenfrequenzen können so nicht korrigiert werden. Die Frequenz der Biegeschwingung kann durch die Geometrieänderung jedoch erhöht werden. Hier führt die Änderung der Trägerhöhe zu einer Steigerung des Flächenträgheitsmoments, die den Einfluss einer einhergehenden Massezunahme überzeichnet. Muss die eingangs errechnete Biegeeigenfrequenz des Trägers von $f = 1{,}000$ erreicht werden, müssen sich Höhe und Masse des Trägers ca. um 20 % erhöhen oder der Träger grundsätzlich überarbeitet werden.

Aufgrund der Verwendungen etablierter Berechnungsvorschriften werden anfängliche Berechnungsfehler von durchschnittlich 30 % erzeugt. Im weiteren Entwicklungsprozess bedingen diese Fehler Geometrieüberarbeitungen bis hin zur Neuentwicklung oder Materialwechsel. Wenn ein Materialwechsel nicht mehr möglich ist kann der Berechnungsfehler oft nur durch einen angepassten Trägerquerschnitt und somit fast unausweichlich durch die Erhöhung der Masse des Beispielträgers kompensiert werden. Wird der Berechnungsfehler gänzlich ignoriert, kann dies zum vorzeitigen Versagen aufgrund erhöhter Nachgiebigkeit im statischen oder dynamischen Belastungsfall führen. Der Projektleiter der Produktentwicklung muss demnach Folgekosten, durch zusätzliche Entwicklungsleistungen oder Reklamationen bei Fehlerignorierung, in Kauf nehmen.

Eine Reduktion der Unsicherheit zu Beginn der Entwicklung erweist sich als dringend notwendig, damit die Potentiale des Verbundwerkstoffs ausgeschöpft werden können, ohne Materialversagen, steigende Entwicklungsaufwände oder Mehrgewicht in Kauf nehmen zu müssen. Der notwendige Erkenntnisgewinn bedarf daher einer detaillierten Ursachensuche unter Berücksichtigung der Werkstoffeigenschaften und -interaktionen im Verbund.

2.3 Werkstoffliche Grundlagen kurzfaserverstärkter Thermoplaste

2.3.1 Grundlegender Aufbau kurzfaserverstärkter Thermoplaste

In den vorangegangenen Vergleichen wurden die Werkstoffe vereinfacht als monolithische Materialien betrachtet und deren Reaktion auf Kräfte und Momente als isotrop angenommen. Diese Abstraktion ist für viele Metalle, Keramiken und Kunststoffe zulässig, führt jedoch bei faserverstärkten Materialien zu signifikanten Abweichungen zwischen berechneten und gemessenen Werten [Voi89].

Faserverstärkte Kunststoffe unterscheiden sich von monolithischen Materialien insbesondere durch eingebettete Fremdkörper (Fasern) in einer isotropen Matrix (Kunststoff). Ohne Krafteinwirkung auf das Verbundmaterial verlaufen die Dehnungslinien parallel zueinander und die Abstände zwischen den Dehnungslinien sind identisch (Abbildung 2.2).

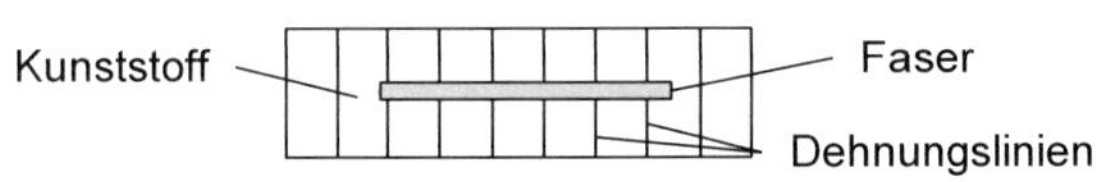

Abbildung 2.2: Beispiel einer in Kunststoff eingebetteten Faser im verformungsfreien Zustand

Mit dem Einsatz von Verstärkungsfasern in Kunststoffen steigt im Regelfall der Verformungswiderstand gegenüber mechanischen Beanspruchungen. Bei gleicher Krafteinwirkung wird die Verformung der Matrix nahe der Faser stärker gehemmt als in faserfernen Bereichen.

Dies führt zu einer verminderten Gesamtverformung und ist insbesondere bei hochmoduligen Fasern feststellbar (Abbildung 2.3) [Cox52].

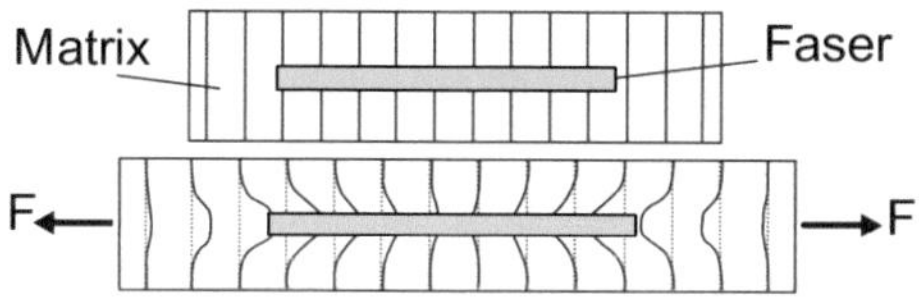

Abbildung 2.3: Deformation eines faserverstärkten Matrixsegments mit idealisierter Grenzflächenadhäsion zwischen Faser und Matrix

Bei einer Beanspruchung interagieren die beiden Komponenten an deren Grenzfläche. Der Widerstand gegen die Beanspruchung wird nun vom Verbund getragen und ist abhängig von der Adhäsion an der Grenzfläche zwischen Faser und Matrix. Der Elastizitätsmodul des Verbundes entsteht durch die Interaktion der Werkstoffkomponenten, sodass die Beanspruchung anteilig ertragen wird.

Aufgrund der zumeist großen E-Modulunterschiede der kombinierten Werkstoffe haben Fasern und Matrices spezifische Aufgaben im Verbund. Die Matrix schützt die Fasern vor Umgebungseinflüssen, fixiert die Fasern und stützt diese bei Druckbeanspruchungen. Der Hauptvorteil des Verbundes seitens der Matrix liegt in der Übertragung der Kräfte auf die Faser. Diese Kraftübertragung ermöglicht es, die Hauptaufgabe der Faser maximal wirksam in die Verbundeigenschaften einzubringen: die Aufnahme von Zugkräften und die einhergehende Erhöhung des Elastizitätsmoduls des Verbundes [Ehr06]. Eine detaillierte Betrachtung des Elastizitätsmoduls des Verbundes bedarf einer Untersuchung der werkstofflichen Besonderheiten der Fasern und Matrices faserverstärkter, teilkristalliner Thermoplaste.

2.3.2 Aufbau und Eigenschaften teilkristalliner Thermoplaste

Teilkristalline Kunststoffe bestehen aus Monomeren, die sich durch Polymerisation, -addition oder -kondensation zu Polymerketten verbinden. Zwischen den Monomeren treten Hauptvalenzkräfte (intramolekulare Bindungen) auf, zwischen den Polymerketten Nebenvalenzkräfte (intermolekulare Bindungen) [Ehr11, Bon16]. Das Fehlen von Hauptvalenzkräften zwischen den Polymerketten ermöglicht ein reversibles Schmelzen und Erstarren des Kunststoffs, der aus diesem Grund als Thermoplast bezeichnet wird [Ehr11].

In Tabelle 2.8 sind die chemischen Strukturen ausgewählter Thermoplaste beispielhaft dargestellt.

Tabelle 2.8: Chemische Struktur ausgewählter Thermoplaste [Oss12, Bon16]

Thermoplast	Kurzbezeichnung	Strukturformel
Polyamid 6.6	PA 6.6	$-CO-[CH_2]_4-CO-NH-[CH_2]_6-NH-$
Polypropylen	PP	$-CH_2-CH(CH_3)-$

Das Polyamid 6.6 (PA 6.6) enthält unter anderem Amidgruppen (-CO-NH-) und Methylengruppen ($-CH_2$), die die Materialeigenschaften des PA 6.6 mitbestimmen [Kai16]. In Polyamiden bilden sich aufgrund der Amidgruppen Wasserstoffbrückenbindungen zwischen den Polymeren oder weiteren Molekülen aus, wodurch sich eine hohe Festigkeit der Werkstoffe und eine hohe Löslichkeit von Wasser in den amorphen Bereichen ergibt [Ale98, Mur89]. Auch die Methylengruppen verfügen über einen polaren Charakter und bilden Dispersionskräfte aus [Kai16,

Bal12]. Die Anzahl der Amidgruppen sowie das Verhältnis von Amid- zu Methylengruppen je Strukturelement beeinflussen die Ausbildung der intermolekularen Wasserstoffbrückenbindungen und nehmen wesentlich Einfluss auf die Wasseraufnahme [Ale98] und folgend auf mechanische Eigenschaften wie den Elastizitätsmodul des Thermoplasts. Dies äußert sich in einem dreifach höheren E-Modul bei trockener Konditionierung, im Gegensatz zu einer luftfeuchten Konditionierung von 50 % relativer Feuchte bei 23 °C.

PP weist eine einfachere Monomerstruktur auf, in der die Methylgruppen ($-CH_3$) markant sind. Die unpolaren Methylgruppen verhindern die Ausbildung von Wasserstoffbrücken und damit eine nennenswerte Wasseraufnahme [Mai98]. Die daraus folgende Einschränkung zur Ausbildung physikalischer Bindungen sowie die geringe Polarität können sich auf die Verbindung zwischen zwei unterschiedlichen Materialien wie Faser und Matrix auswirken [Sch18].

Die Besonderheit beider teilkristalliner Thermoplaste besteht in der Eigenschaft, Nahordnungsbereiche, auch kristalline Bereiche genannt, auszubilden. Die kristallinen Bereiche entstehen zwischen identisch aufgebauten Polymerkettenabschnitten und weisen eine erhöhte Packungsdichte auf. Eine vollständige Kristallisation spritzgießfähiger Polymere, bestehend aus Molmassen bis zu 3.000.000 g/mol [DRE17], wird zumeist angestrebt, aber in der Anwendung nicht erreicht [Ehr11]. Die Ursachen liegen in unterschiedlichen Polymerkettenlängen innerhalb eines Polymers, hoher Viskosität in der Kristallisationsphase und in einem eingeschränkten Kristallwachstum durch benachbart wachsende Kristalle [Ehr11]. Neben den angestrebten kristallinen Bereichen sind stets amorphe (ungeordnete) Polymerkettenabschnitte mit geringerer Packungsdichte vorhanden. Die Kristallisation des Polymers beginnt mit der Keimbildung bei der Unterkühlung der Schmelze. Einerseits ordnen sich Kettensegmente durch brown'sche Molekularbewegung so an, dass Kristallite entstehen (homogen). Andererseits kann die Keimbildung durch Fremdpartikel wie Nukleierungsmittel oder durch die im vorangegangenen Schmelzprozess nicht vollständig geschmolzenen Keime begünstigt werden (heterogen) [Ale98, Ehr11]. Wird der kritische Keimradius überschritten, schreitet die Kristallisation durch vorrangiges Keimwachstum an Stelle von Keimbildung voran [Ehr11]. Nachweislich führen veränderte Kristallisationsgrade zu Änderungen des Elastizitätsmoduls [Wal98]. Ungeklärt ist jedoch die grundsätzliche Einflussnahme verstärkender Kurzfasern auf den Kristallisationsgrad.

2.3.3 Kurzfasern als Füllstoffe

Der Begriff Kurzfaser beschreibt die Länge einer Faser und ist unabhängig von der Faserzusammensetzung. Eine einheitliche Definition, ab welcher Länge oder welchem Aspektverhältnis (Verhältnis der Faserlänge zum -durchmesser) eine Faser als Kurzfaser bezeichnet wird, konnte der Literatur nicht entnommen werden. Unter Verwendung des Aspektverhältnisses werden vorrangig Fasern mit Werten bis 100 µm als Kurzfasern bezeichnet [Lee08, Bez10]. Im Rahmen dieser Arbeit werden Fasern bis 1 mm Länge [Bir16] oder einem Aspektverhältnis von 20 bis 200 [Cox52] als Kurzfasern bezeichnet.

Kurzfasern zählen zu den Verstärkungsfasern, wenn sie sich durch hohe Elastizitätsmoduln bei geringem spezifischen Gewicht auszeichnen. Im Regelfall weisen Verstärkungsfasern eine Bruchdehnung unter 5 % auf. Größere Faserdehnungen mindern zudem die Kriechneigung der Matrixkomponente nicht ausreichend [Liu08]. Verstärkungsfasern können auch anhand ihrer Oberflächenrauheit unterschieden werden. Die Rauheit wird häufig vom Herstellungsprozess dominiert. Zu den mikroskopisch glatten Fasern zählen unter anderem Glasfasern und Basaltfasern [Ste02]. [Liu08]

Kurzfasern entstehen vorrangig bei der Verarbeitung faserverstärkter Kunststoffe im Spritzgießprozess. Hohe Füllstoffanteile, kombiniert mit der Plastifizierung im Schneckengang, hohe Schergeschwindigkeiten beim Einspritzen und eine häufig filigrane Werkzeuggeometrie kürzen Fasern fast ausschließlich auf unter 1 mm Faserlänge. Zusätzlich können Modifikationen wie Federverschlussdüsen am Düsenausgang der Plastifiziereinheit die Scherbeanspruchung erhöhen. Steigende Häufigkeiten von Faserbrüchen sind die logische Folge, wurden bislang jedoch nicht eingehend untersucht. [EMS11]

2.3.4 Modulbeeinflussende Größen kurzfaserverstärkter Thermoplaste

Die Verstärkung eines Thermoplasts mit Kurzfasern hat direkte Auswirkungen auf die mechanischen Eigenschaften des resultierenden Verbundes. In diesem Abschnitt werden zu berücksichtigende Größen und Grenzbereiche vorgestellt und deren Einflussnahme auf den E-Modul des Verbundes skizziert.

2.3.4.1 Faservolumengehalt

Der Faservolumengehalt ist, im Gegensatz zum Fasergewichtsanteil, von der Dichte des Materials unabhängig. Er repräsentiert den räumlichen Anteil an Verstärkungsfasern in einem Verbundmaterial und wird prozentual zum Gesamtvolumen des Verbundes angegeben. Ein kritischer Faservolumengehalt zeigt an, ab welchem Volumenanteil die Fasern eine Verbundeigenschaft gegenüber dem faserfreien Werkstoff nicht mindern, sondern verbessern. [Sch07]

Der Elastizitätsmodul des Verbundes wird bereits bei kleinsten Mengen an Verstärkungsfasern positiv beeinflusst, weshalb für Elastizitätsmoduln des Verbundes keine kritischen Faservolumengehalte bekannt sind [Ehr06]. Eine Faserverstärkung führt stets zum Anstieg des E-Moduls des Verbundes. „Hohe Verstärkungseffekte werden durch hohe Faservolumenanteile im Verbund[werkstoff] mit hohen Längen/Durchmesserverhältnis der Fasern erreicht“ [Ste02].

2.3.4.2 Faserlänge

Die Faserlänge bestimmt, über welchen Abstand (Beginn der Faser zu Ende der Faser) die Beanspruchung auf den Verbund auch von der Faser getragen wird. Aufgrund der Unterschiede in den Elastizitätsmoduln der Verbundwerkstoffkomponenten entsteht an den Übergängen einer Kurzfaser zur faserumschließenden Matrix ein Schubspannungsmaximum, welches über die Länge der Faser aufgebaut werden muss (Abbildung 2.4) [Cox52].

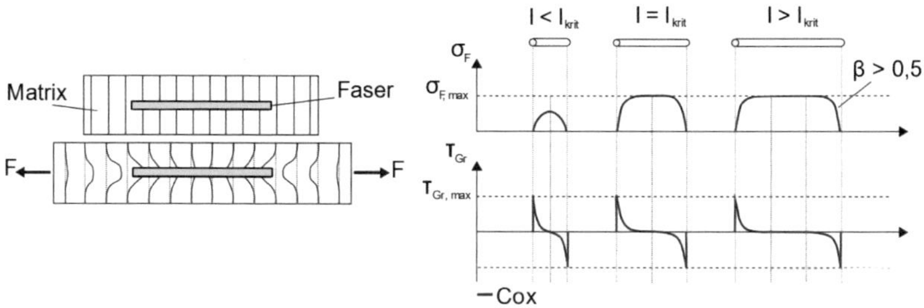

Abbildung 2.4: Einfluss der Faserlänge beschrieben mit dem Schubverzerrungsmodell nach [Cox52]

Die kritische Faserlänge definiert die Mindestlänge einer Faser in einem Verbundmaterial, die notwendig ist, um die eingeprägte Spannung vollständig auf die Faser wirken zu lassen. Ist die Faser kürzer als die kritische Faserlänge der Materialkombination, dann ist sie nicht in der Lage, die eingeprägte Spannung vollständig aufzunehmen. Ein Versagen an der Grenzfläche ist die Folge. [Liu08]

2.3.4.3 Faserorientierung

„Die zumeist im Spritzgießverfahren verarbeiteten Materialien zeichnen sich durch stark anisotrope mechanische und thermomechanische Eigenschaften aus, die im Verarbeitungsprozess und damit einhergehender Orientierung der Verstärkungsfasern entstehen“[Moe15]. Anisotropie beschreibt das Vermögen eines Werkstoffs, richtungsabhängige Eigenschaften aufzuweisen. Anisotrope Verbundwerkstoffe ertragen daher oft höhere mechanische Beanspruchungen in Faserorientierungsrichtung. Orthogonal zur Faserorientierung wird zumeist nur einem Bruchteil der Beanspruchung widerstanden. Dieser Unterschied erzeugt große Potentiale, die sich zum einen im Leichtbau durch zielgerichtete Ablage der Fasern in Beanspruchungsrichtung zeigen. Zum anderen können technisch bedingte Abweichungen in der Faserorientierung das theoretische Verstärkungspotential mindern. Dies zeigt sich auch unter Verwendung des Spritzgießverfahrens mit Kurzfasern. Im Regelfall werden Vorzugsorientierungen durch die vorherrschende Kanalgeometrie und Druckverläufe beim Füllvorgang eingeprägt. [Kor19]

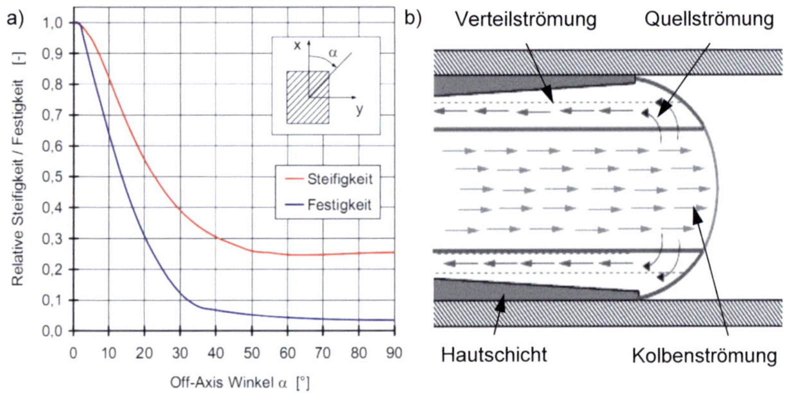

Abbildung 2.5: Winkelabweichung einer unidirektionalen Faserlage aus S-Glasfaser in einer Epoxidharzmatrix (EP) [AVK14] (a); Darstellung der Strömung einer Kunststoffschmelze im Kanal eines Spritzgießwerkzeugs [Ham17] (b)

Der Abbildung 2.5a kann die Signifikanz einer variierenden Faserorientierung auf den E-Modul des Verbundes entnommen werden. Hier wird die Winkelabweichung beispielhaft an einem endlosfaserverstärkten Duroplast aufgezeigt. Faserorientierungsabweichungen von 5° verändern die relative Steifigkeit des Verbundes abschnittsweise über 10 % (vgl. Abbildung 2.5a Steifigkeitskurvenverlauf zwischen 0,8-0,7).

Mit einer vollständig randomisierten Faserorientierung können quasi-isotrope Eigenschaften erreicht werden [Day03]. Orientiert werden im Spritzgießverfahren die Kurzfasern eines Verbundmaterials durch die Quellströmung beim Füllvorgang der Kavität (Abbildung 2.5b). Daraus ergeben sich zwei Schichten, die Schicht der Kolbenströmung und die Hautschicht, die durch die Verteilströmung gebildet wird. [Ham17]

Neben der lastgerechten Orientierung der Fasern im Formteil ist insbesondere die Kraftübertragung von der Matrix auf die Faser essenziell, um einen hohen E-Modul des Verbundformteils zu erzielen.

2.3.4.4 Faser-Matrix-Grenzfläche

Als Faser-Matrix-Grenzfläche wird das direkte Interface zwischen den beiden Werkstoffkomponenten bezeichnet (Abbildung 2.6).

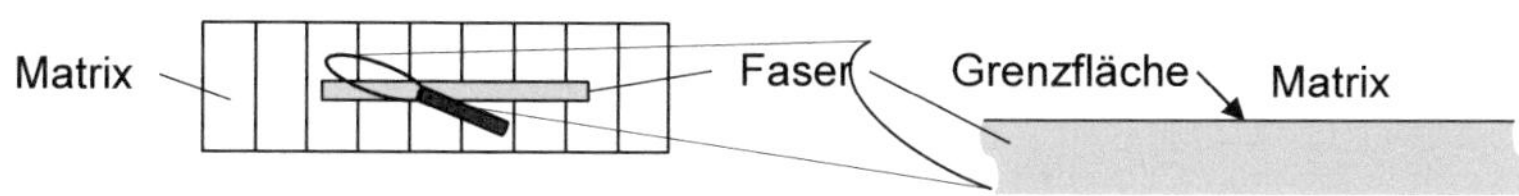

Abbildung 2.6: Nahaufnahme der Faser-Matrix-Grenzfläche

Die Grenzfläche zwischen Faser und Matrix überträgt die Kräfte in die Faser und leitet sie am Ende der Faser in die Matrix zurück [Rus13]. Dabei muss nach der Schubverzerrungs-Theorie [Cox52] eine ausreichend große Grenzfläche vorhanden sein, um eine vollständige Kraftleitung zu ermöglichen. Ist dies nicht der Fall, kann die Faser nur einen Teil der Kräfte aufnehmen und übertragen. Kurze Fasern reduzieren den Elastizitätsmodul des Verbundes [Erd10]. Folglich muss die Matrix, mit deutlich verringertem E-Modul, einen größeren Teil der Beanspruchung ertragen. Zur Beschreibung des Faserlängeneinflusses über die Schubverzerrungs-Theorie (siehe Abschnitt 2.3.4.2) wird eine ideale, also kohäsive Grenzschicht vorausgesetzt [Cox52]. Gemäß dieser Annahme treten keine Verluste in der Kraftübertragung an der Grenzfläche zwischen Faser und Matrix auf.

Eine kohäsive Grenzfläche kann vorrangig durch das Angleichen der Grenzflächenspannungen von Faser und Matrix entstehen, beispielsweise durch die passenden Bindungsarten an den Grenzflächen. Tritt dieser Fall vollumfänglich ein, ist davon auszugehen, dass Faser und Matrix sowohl den gleichen Grenzflächenaufbau als auch die gleichen mechanischen Eigenschaften aufweisen. Eine Faserzugabe führt bei gleichen mechanischen Eigenschaften zwischen Faser und Matrix logischerweise zu keiner Verstärkungswirkung. Folglich wird eine kohäsive Grenzfläche aufgrund physikalischer Adhäsion zwischen Matrix und Verstärkungsfaser in der Regel nicht erreicht.

Die Haftschubfestigkeit, die in der Grenzfläche zwischen Faser und Matrix herrscht, beschreibt die Höhe und Intensität der Kraftübertragung zwischen beiden Werkstoffen. Hohe Schubfestigkeit in der Grenzschicht geht im Regelfall einher mit geringen Verformungen des Verbundmaterials, was gleichbedeutend mit einer Erhöhung des E-Moduls des Verbundes ist. Diesen Zusammenhang stellten mehrere unabhängige Untersuchungen her [Rhe20, Pai18], die im späteren Verlauf detailliert analysiert werden.

Eine Analogie zur Faser-Matrix-Grenzfläche kann auch bei den Versagensarten einer Klebefläche gefunden werden. Hierbei repräsentieren die Fasern das Adhärens und die Matrix das Adhäsiv. Gemäß

[DIN20a] können die Brucharten in der überbeanspruchten Grenzfläche dabei helfen, die vorliegende Haftung zu charakterisieren. Die [DIN20a] unterscheidet grundlegend in Kohäsions- und Adhäsionsbrüche (Abbildung 2.7). Tritt Ersteres ein, wird in einem Verbund die Matrix- oder die Faseroberfläche zerstört und das Materialverhalten kommt der Annahme der Schubverzerrungs-Theorie nahe, einer kohäsiven Grenzschicht. Ein Adhäsionsbruch hat zur Folge, dass weder die Matrix noch die Faser Schädigungen aufweisen und der Bruch direkt in der Grenzfläche erfolgt. Organische Matrices mit niederenergetischen Oberflächen weisen bei einer schlechten Oberflächenvorbehandlung oder der falschen Faser-Matrix-Kombination durchaus reinen Adhäsionsbruch auf. Fast immer sind Adhäsionsbrüche auf eine ungeeignete Werkstoffkombination, unsachgemäße oder unzureichende Oberflächenvorbehandlung zurückzuführen. [Jue19]

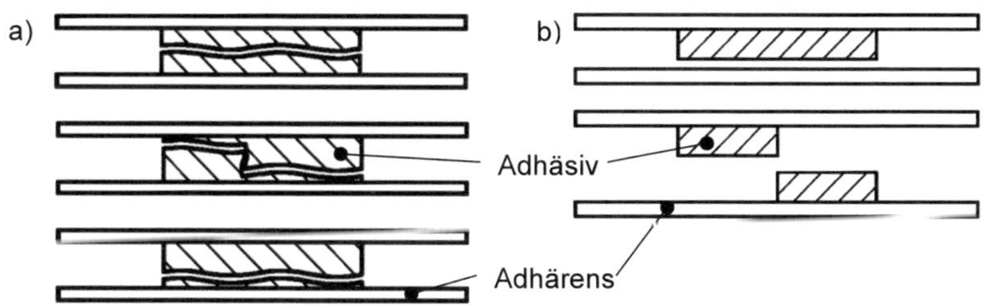

Abbildung 2.7: Brucharten am Beispiel von Klebungen: Kohäsionsbruch (a), Adhäsionsbruch (b) [DIN20a]

Die tatsächliche Beschaffenheit der Oberflächen beider Fügepartner wurde bislang in der Elastizitätsmodulberechnung des Verbundes nicht berücksichtigt, könnte aber Einfluss auf den tatsächlichen Elastizitätsmodul des Verbundes haben. Ebenso wurden alle Aspekte der Benetzungssituation und Adhäsion zwischen Faser und Matrix bislang außer Acht gelassen, da diese als verlustfrei (kohäsiv) angenommen wurden. In der Konsequenz werden auch Einflüsse der Benetzung, der mechanischen Adhäsion, der Diffusion und der resultierenden Grenzflächenspannung auf den Elastizitätsmodul des Verbundes vernachlässigt: möglicherweise in der Art, dass die einleitend betrachteten Abweichungen physikalisch begründet und korrigierend berücksichtigt werden können. Eingehende Analysen der bislang verwendeten Modelle werden folgend betrachtet, um die bislang berücksichtigten Einflüsse aufzuzeigen.

2.4 Modulberechnung an kurzfaserverstärkten Thermoplasten

Die Berechnung des Elastizitätsmoduls (E-Modul) des Verbundes eines faserverstärkten Kunststoffs beruht auf der Annahme, dass sich der E-Modul des Verbundes aus der Summe der Elastizitätsmoduln seiner Einzelkomponenten berechnen lässt. Dabei sind Beschaffenheit, Form und Orientierung der Einzelkomponenten im Verbund zu berücksichtigen. Dies führt dazu, dass bei einem kurzfaserverstärkten Thermoplast nicht nur die volumenanteiligen E-Moduln von Matrix und Faser nach [Voi89, Reu29] Berücksichtigung finden, sondern auch resultierende Faserlängen nach [Cox52, Hal69b] und Faserorientierungen nach [Kre64, Hal69a, Tsa68]. Die Notwendigkeit der Berücksichtigung dieser Faktoren ist bereits in Abschnitt 2.3.4 erläutert.

Der Stand der Wissenschaft zur Art und Weise der mathematischen Berücksichtigung wird in den folgenden Abschnitten beschrieben.

2.4.1 Modelle zur Elastizitätsmodulberechnung kurzfaserverstärkter Thermoplaste

2.4.1.1 Die Mischungsregel für Endlosfaserverbunde nach Voigt

Die Mischungsregel nach [Voi89] gilt als der erste erfolgreiche Schritt, den E-Modul des Verbundes endlosfaserverstärkter Kunststoffe mit ideal ausgerichteten Fasern zu berechnen. Hierbei wird, wie in Formel 2.1 beschrieben, eine direkte Proportionalität zwischen Volumenanteilen und Elastizitätsmodulanteilen der Verbundpartner angenommen. Für die Berechnung ist, neben den Elastizitätsmoduln der Faser und Matrix, insbesondere der Faservolumengehalt im Verbundmaterial entscheidend. Dieser gibt als Proportionalitätsfaktor die Beteiligung der Materialkomponenten am E-Modul des Verbundes an. Viele Annahmen und Vereinfachungen ermöglichen die dargestellte Schreibweise. Beispielsweise wird von einer homogenen Verteilung der Fasern in der Matrix ausgegangen. Die Fasern erstrecken sich stets über die gesamte Bauteillänge und sie sind ausschließlich in Beanspruchungsrichtung orientiert.

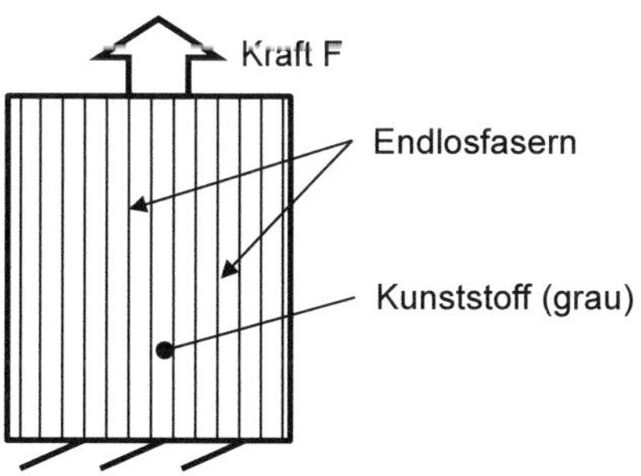

Abbildung 2.8: Faserverbundaufbau mit in Zugrichtung orientierten Endlosfasern, berechenbar durch das Voigt-Modell

In Abbildung 2.8 ist ein vergleichbarer Zugprüfkörperabschnitt dargestellt. Weitere Annahmen sind die idealen Kräfteübertragungen zwischen Faser und Matrix.

Eine Berechnung kurzfaserverstärkter Elastizitätsmoduln ist mit diesem Modellansatz nicht ratsam, da Faserlängen oder Faserorientierungen in diesem Modell keine Berücksichtigung finden. Das Voigt-Modell dient zumeist als Grundmodell, auf dem verfeinerte Berechnungsansätze zur E-Modulbestimmung kurzfaserverstärkter Kunststoffe aufbauen.

2.4.1.2 Das Shear-Lag-Modell für ausgerichtete Kurzfaserverbunde – Cox-Modell

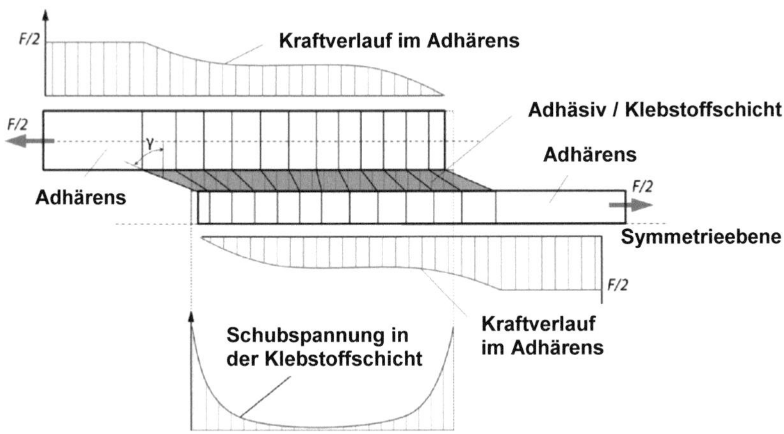

Abbildung 2.9: Das Shear-Lag-Modell aus der Klebetechnologie mit der Schubspannungserhöhung an den Kleberändern [Rap15]

Das Shear-Lag-Modell (zu Deutsch: Schubverzerrungs-Modell), basiert auf dem Voigt-Modell. [Cox52] verwendet den Ansatz des Shear-

Lag-Modells aus der Klebetechnik und überträgt die Spannungsüberhöhung am Übergang der Klebstoffschicht zum Adhärens auf die Haftverbindung zwischen Matrix und Faser. Der flächenhafte Kontakt des Klebstoffschicht mit dem Adhärens wird durch die Modifikation von [Cox52] auf die Kontaktfläche der Matrix an den Faserflächenmantel bezogen (Abbildung 2.9). Die Klebstoffdicke wird über den Abstand der Verstärkungsfasern im Verbundmaterial ermittelt. Hierbei gilt die Randbedingung, dass die Matrix gegenüber der Faser dehnfähiger ist. [Ada84] Diese Modifikation wird durch die Ergänzung eines Abschwächungsfaktors η_1 (Formel 2.2) in das Voigt-Modell (Formel 2.1) integriert, mit dem Ziel, den E-Modul des Verbundes kurzfaserverstärkter Materialien berechenbar zu gestalten (Formel 2.4). Der mit dem Modell eingeführte Schubverzerrungsparameter β repräsentiert Spannungsübertragungsverluste im Verbundwerkstoff. In [Nai97] wird der Ursprung auf die einfache Balkentheorie zurückgeführt, in der „[...] die axialen Verschiebungen in den Grenzflächen solcher Balken nur eine Funktion des Abstands von der neutralen Achse und unabhängig vom Abstand von der Bahn sind“. Die von [Cox52] berücksichtigte Schubverzerrung entsteht aufgrund von erhöhten Schubspannungen in unmittelbarer Nähe der Grenzfläche zwischen Faser und Matrix. Dies hat zur Folge, dass die Überlapplänge zwischen Faser und Matrix bei besonders kurzen Fasern nicht ausreicht, um eine vollständige Kraftübertragung zwischen Faser und Matrix zu ermöglichen (siehe Abschnitt 2.3.4.2). [Cox52] beschrieb diesen Ansatz über den Schubverzerrungsparameter in Abhängigkeit der Faserlänge. Die in Abbildung

2.10 gezeigt verringerte Kraftübertragung auf die Faser hat eine höhere Belastung der Matrix zur Folge. Die Matrix reagiert, aufgrund des niedrigeren Elastizitätsmoduls, mit erhöhter Dehnung. Der Elastizitätsmodul des Verbundes verringert sich.

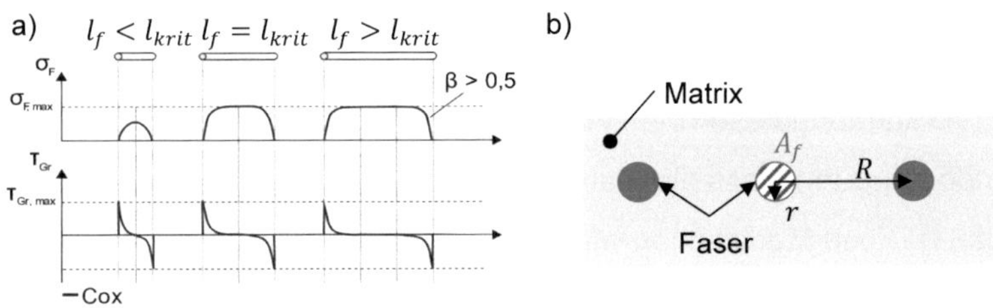

Abbildung 2.10: Faserlängeneinfluss auf mechanische Eigenschaften aufgrund des Shear-Lag-Effektes (a); Abschnitt eines Querschnitts durch einen Faserverbundwerkstoff: Darstellung einiger geometrischer Größen zur Berechnung des Shear-Lag-Parameters β, Faserlänge erstreckt sich orthogonal zur Betrachtungsebene (b)

Der Schubverzerrungsparameter β wird mit Hilfe der mittleren Faserlänge l_f zum dimensionslosen, längenabhängigen Abschwächungsfaktor nach Cox (η_1) umgerechnet. η_1 variiert zwischen null und eins und repräsentiert die Effektivität der Kraftübertragung zwischen Faser und Matrix in Abhängigkeit der vorherrschenden Faserlänge. Die Faser-Matrix-Grenzfläche bleibt unberücksichtigt.

$$\eta_1 = 1 - \frac{\tanh\left(\beta \cdot \frac{l_f}{2}\right)}{\beta \cdot \frac{l_f}{2}} \qquad \text{2.2 [Cox52]}$$

$l_f - anzahlgemittelte\ Faserlänge$ [mm]

Der darin enthaltene Schubverzerrungsparameter β wird über folgende Formel berechnet:

$$\beta = \sqrt{\frac{2 \cdot \pi \cdot G_m}{E_f \cdot A_f \cdot ln\left(\frac{R}{r}\right)}} \qquad 2.3\ [Cox52]$$

$G_m - Schubmodul\ der\ Matrix$ [MPa]

$E_f - Elastizitätsmodul\ der\ Faser$ [MPa]

$A_f - Faserquerschnittsfläche$ [mm]

$R - mittlerer\ Faserabstand$ [mm]

$r - Faserradius$ *[mm]*

Cox führte den Parameter β ein, um der Änderung des E-Moduls des Verbundes aufgrund verfahrensbedingt verkürzter Fasern Rechnung zu tragen und multiplizierte den Faktor mit dem Elastizitätsmodul der Faser des Voigt-Modells.

$$E_V = E_m \cdot (1 - \varphi_f) + E_f \cdot \varphi_f \cdot \eta_1 \qquad 2.4\ [Cox52]$$

In Kombination mit dem idealisierten mittleren Abstand der Fasern zueinander, weiterer mechanischer Kennwerte der Fasern und des Mat rixmaterials können wie in Abbildung 2.11 dargestellte kurzfaserverstärkte Compounds mit idealer Faserorientierung in Belastungsrichtung berechnet werden.

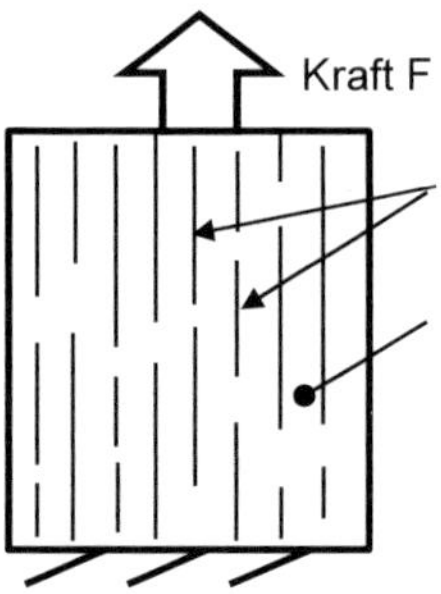

Abbildung 2.11: Faserverbundaufbau mit in Zugrichtung orientierten Kurzfasern, berechenbar durch das Cox-Modell

Das Cox-Modell kombiniert den Ansatz von Voigt mit einem Faktor zur Berücksichtigung der im Kurzfaserverbund vorliegenden Faserlänge, des gemittelten Abstandes der Fasern zueinander sowie des idealen Schubmoduls der Matrix. Die verbleibenden Vereinfachungen und Annahmen aus dem Voigt-Modell wurden übernommen [Cox52]. Weiter unberücksichtigt blieben Faserorientierungen und verminderte Faser-Matrix-Kompatibilitäten.

2.4.1.3 Faserorientierungen in Kurzfaserverbundwerkstoffen – Krenchel-Modifikation

Der fehlende Einfluss der Faserorientierung wurden von [Kre64] aufgegriffen. [Kre64] nutzte das Grundmodell nach [Voi89] und die Modifikation nach [Cox52] und bettete einen Einflussfaktor für die Faserorientierung η_0 ein.

$$E_V = E_m \cdot (1 - \varphi_f) + E_f \cdot \varphi_f \cdot \eta_1 \cdot \eta_0 \qquad 2.5[Kre64]$$

$$\eta_0 - Orientierungswinkelabhängiger$$

$$Abschwächungsfaktor$$

Der Abschwächungsfaktor η_0, auch Krenchel-Faktor genannt, kann Werte zwischen null und eins annehmen und wird dem Summanden des Fasermodulanteils zugeordnet. Krenchel wählte folgenden Ansatz zur Bestimmung des orientierungswinkelabhängigen Abschwächungsfaktors η_0 für 3D-Orientierungswinkel ζ_i:

$$\eta_0 = \sum_i a_i \cdot cos^4 \zeta_i \qquad \text{2.6 [Kre64]}$$

$$a_i - Anteil\ des\ Sektorwinkels$$

$$\zeta_i\ an\ der\ Gesamtorientierung$$

$$\zeta_i - 3D\text{-}Orientierungswinkel\ des\ Sektors\ i\ [\mathrm{rad}]$$

Der Faktor entspricht dem Orientierungstensor vierter Ordnung. Dabei ist ζ der Orientierungswinkel einer Faser und definiert, unter welchem Winkel die Faserorientierung von der Beanspruchungsrichtung abweicht. Der Faktor a_i beschreibt den prozentualen Anteil an Fasern, die den spezifischen 3D-Orientierungswinkel ζ_i vorweisen. Die Summenfunktion der prozentualen Anteile ermöglicht es, den Abschwächungsfaktor η_0 zu ermitteln. Aus dem Abschwächungsfaktor kann zur besseren Veranschaulichung auf einen globalen 3D-Orientierungswinkel zurückgerechnet werden. Der Zusammenhang zwischen dem relativen Faserelastizitätsmodulanteil und dem 3D-Orientierungswinkel ist folgend dargestellt.

Im Gegensatz zum Off-Axis-Winkel endlosfaserverstärkter Kunststoffe (vgl. Abbildung 2.5) kann eine orthogonale Faserorientierung zur Beanspruchungsrichtung im Zugversuch zum Verlust des Fasereinflusses führen (Abbildung 2.12 a). Der resultierende Elastizitätsmodul des

Verbundes ist allein abhängig vom Matrixelastizitätsmodul und –volumenanteil.

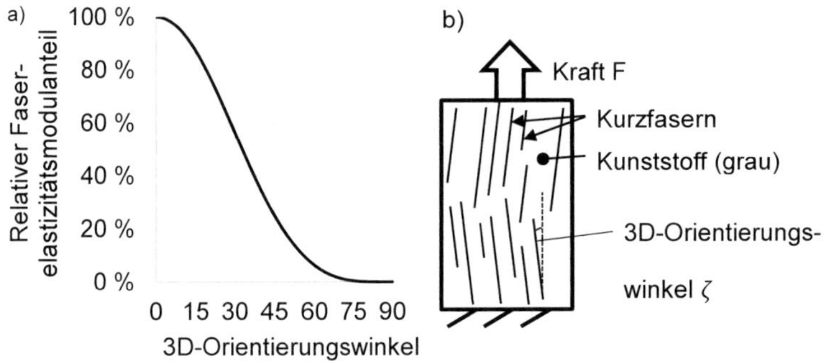

Abbildung 2.12: Einfluss des 3D-Orientierungswinkels nach [Kre64] auf den Faseranteil des E-Moduls des Verbundes (a), Darstellung eines 3D-Orientierungswinkels einer Faser (b)

Das vorgestellte Cox-Krenchel-Modell wurde unter den Annahmen einer kohäsiven Faser-Matrix-Grenzflächenhaftung sowie der Vernachlässigung von Querverformungen erstellt [Sha13]. Unter zu Hilfenahme des Krenchel-Faktors können Elastizitätsmoduln an kurzfaserverstärkten Verbundmaterialien (gemäß Abbildung 2.13) ermittelt werden.

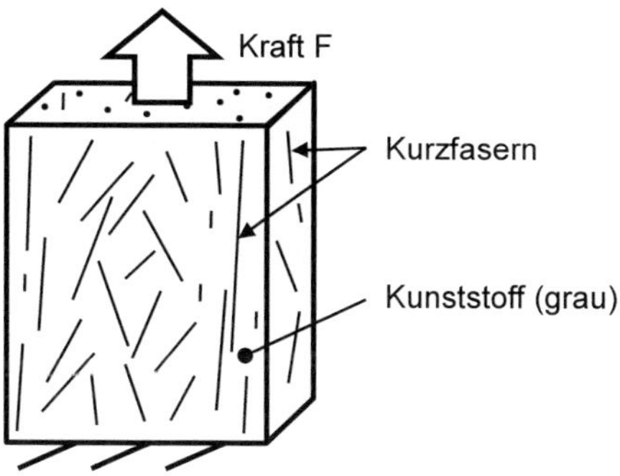

Abbildung 2.13: Faserverbundaufbau mit frei orientierten Kurzfasern, berechenbar durch das Cox-Krenchel-Modell

In einigen Untersuchungen gelang es, mit dem vorgestellten Rüstzeug, den Elastizitätsmodul des Verbundes mit Abweichungen unter 10 % zu berechnen. [Hin14] nutzte für seine Untersuchungen zwei Platten eines zu 30 Gew.-% kurzglasfaserverstärkten PP (Sabic® 30YM240) mit Haftvermittlern [SAB18]. [Hin14] prüfte das Cox-Krenchel-Modell, indem er den arithmetisch gemittelten Faserwinkel über das bekannte Modell errechnete. Die Rechenergebnisse wurden mit Röntgen-Bildern verglichen und gute Übereinstimmungen ermittelt. Die restlichen Werte, inklusive des E-Moduls des Verbundes, ergaben sich über Messungen. Die Resultate der Untersuchung bestätigen die Korrelation zwischen der Krenchel-Modifikation und den ermittelten Orientierungswinkeln aus den Röntgenbildern [Hin14]. Dies ist eine Validierung des Cox-Krenchel-Modells unter Einsatz von haftvermittelnden Additiven. Weitere Untersuchungen ohne und mit dem Einsatz von Haftvermittlern wiesen teilweise Abweichungen bis zu 55 % nach, die im Rahmen dieser Arbeit zu einem späteren Zeitpunkt dargelegt und analysiert werden.

2.4.1.4 Einblick in weitere Ansätze und Berechnungsvorschriften

Abseits des Voigt-Modells und dessen Modifikationen durch Cox und Krenchel sind zahlreiche mathematische Ansätze zur Berechnung des E-Moduls des Verbundes faserverstärkter Kunststoffe bekannt. Diese wurden vom Voigt-Modell inspiriert oder setzen es als Grundlage eigener Modellvorstellungen ein.

[Reu29] beschrieb in seinem Modell den Fall einer vollständig orthogonalen Anordnung zwischen Faserausrichtung und Beanspruchungsrichtung endlosfaserverstärkter Materialien (Abbildung 2.14b).

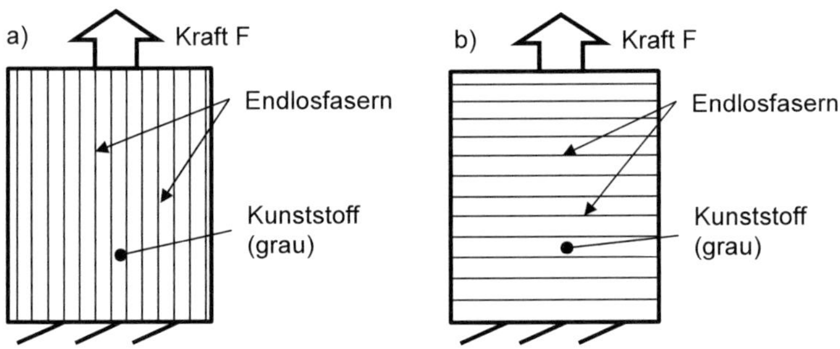

Abbildung 2.14: Faserausrichtung longitudinal nach [Voi89] (a) und transversal nach [Reu29] (b)

Wie beim Voigt-Modell werden die E-Moduln der Matrix und der Verstärkungsfasern sowie der Faservolumengehalt zur Berechnung verwendet. Hierbei kann auf die Äquivalenz zu Berechnungen von elektrischen Widerständen zurückgegriffen werden. Für den Fall, dass alle Fasern in Zugrichtung orientiert sind, gilt die alleinige Parallelschaltung der Widerstände respektive E-Moduln, dies entspricht dem Voigt-Modell. Die alleinige orthogonale Ausrichtung der Fasern zur Beanspruchungsrichtung wird über eine Reihenschaltung beschrieben. Dabei ist zu beachten, dass die Widerstände einen volumenanteiligen Einfluss auf den resultierenden Widerstand nehmen. Das Widerstandsmodell gemäß Formel 2.7 wird als Reuss-Modell bezeichnet [Reu29].

$$\frac{1}{R_{res}} = \frac{1-\phi_f}{R_m} + \frac{\phi_f}{R_f} \Leftrightarrow \frac{1}{E_V} = \frac{1-\varphi_f}{E_m} + \frac{\varphi_f}{E_f}$$ 2.7 *[Reu29]*

$$R_{res} - resultierender\ Widerstand\ [\Omega]$$

$$R_f - Widerstand\ der\ Faser\ [\Omega]$$

$$R_m - Widerstand\ der\ Matrix\ [\Omega]$$

$$\phi_f - Faserwiderstandsvolumenanteil$$

[Hal69a] errechnete den Elastizitätsmodul des Verbundes für in Zugrichtung ausgerichtete Kurzfasern über folgenden Ansatz:

$$E_{11} = \frac{\left(1 + \xi \cdot \eta_{halpin} \cdot \varphi_f\right) \cdot E_m}{1 - \eta_{halpin} \cdot \varphi_f}$$ *2.8 nach [Hal69a]*

mit

$$\eta_{halpin} = \frac{\frac{E_f}{E_m} - 1}{\frac{E_f}{E_m} + \xi}$$ *2.9 [Hal69a]*

und

$$\xi = \frac{l_f}{r}$$ *2.10 nach [Hal69b]*

Das Aspektverhältnis ξ nach [Hal69b] beschreibt bei zylindrischen Fasern das Verhältnis zwischen Länge und Durchmesser der Faser. Je größer das Aspektverhältnis der Faser, also je größer die Länge im

Bezug zum Durchmesser ist, desto ausgeprägter ist der Verstärkungseffekt der Faser im Verbund.

Der beschriebene Ansatz wurde von [Tsa68] und [Hal69c] modifiziert, um willkürlich orientierte Fasern in einem Verbundmaterial zu beschreiben. Mit der Annahme einer willkürlichen Faserverteilung wurden definierte E-Modulanteile in den Hauptspannungsachsen E_{11} und E_{22} festgelegt.

$$E_V = E_m \left[\frac{3}{8} E_{11} + \frac{5}{8} E_{22}\right]$$ *2.11 nach [Hal69c]*

mit

$$E_{22} = \frac{1 + 2\eta_T \varphi_f}{1 - \eta_T \varphi_f}$$ *2.12 nach [Tsa68]*

und

$$\eta_T = \frac{\frac{E_f}{E_m} - 1}{\frac{E_f}{E_m} + 2}$$ *2.13 nach [Tsa68]*

Beide Modelle berücksichtigen Faserorientierungen und -längen. Der Einfluss der Faserorientierung wird bei Halpin-Tsai auf eine Wirrfaseranordnung reduziert. Die vorherrschende Faserlänge im Verbund der vorgestellten Modelle wird über das mittlere Aspektverhältnis ξ der Fasern in die Berechnung integriert. Es wird ersichtlich, dass die Modelle nach Halpin und Tsai nicht nur auf dem selbstkonsistenten Schema von [Hil63] basieren, sondern zusätzlich die Adhäsion zwischen den

Verbundpartnern als ideal betrachten bzw. die vorliegenden Adhäsionseinflüsse über die vorhandene Grenzflächenspannung ignorieren.

Die Mori-Tanaka-Methode [Mor73] ist eine Feldtheorie, die auf Eshelbys Elastizitätsmethode für Inhomogenität in einem unendlichen Medium [Esh57] basiert. Diese Methode berechnet die durchschnittliche, innere Spannung in der Matrix mit Fremdpartikeln, unter Umwandlung der Dehnung [Lom15] und stützt sich auf die Annahme, dass zwischen den Einschlüssen ein konstantes Feld vorliegt [Pap97, Tuc99, Lom15]. Die durchschnittliche, elastische Energie wird über die Auswirkungen der Wechselwirkung zwischen den Fremdpartikeln und dem Vorhandensein der freien Grenze berücksichtigt [Mor73]. Bei diesem Verfahren werden zur Vorhersage des E-Moduls faserverstärkter Kunststoffe dreidimensionale, elastische Parameter sowohl der Polymermatrix als auch der Fasern benötigt. Übertragungsverluste zwischen Faser und Matrix werden auch hier nicht berücksichtigt.

Im Tandon-Weng-Modell [Tan86] werden Ansätze der Mori-Tanaka-Methode verwendet. [Tan86] entwickelte diese weiter, um kurzfaserverstärkte Verbundwerkstoffe besser zu beschreiben. Die Formeln des Modells können unter anderem den Veröffentlichungen [Tan86, Zar17] entnommen werden. Neben weiteren Modellen für unidirektionale Kurzfaserverbunde (nachzulesen in [Tuc99]) wird von [Adv87] der Ansatz der Orientierungsmittelung vorgestellt. Dabei wird der Effekt einer variierenden Faserorientierung durch Mittelung der elastischen Konstanten eines imaginären transversal isotropen Referenzverbundstoffs in Bezug auf die Faserorientierungsverteilung angenommen [Fli15].

Alle vorgestellten Modelle stützen sich stets auf die einzelnen Elastizitätsmoduln der Verbundkomponenten und berechnen daraus den E-Modul des Verbundes. Wechselwirkungen in der Grenzfläche zwischen Fasern und Matrix finden keine Berücksichtigung. Ein Modellvergleich mit Messergebnissen soll Aufschluss geben, an welchem vorgestellten Modell eine Modifikation vorgenommen wird, um Wechselwirkungen in der Grenzfläche zu berücksichtigen.

2.4.2 Vergleich verschiedener Modellvorstellungen mit Messergebnissen

Aus der Literatur konnten direkte Modellvergleiche zwischen den vorgestellten Modellen recherchiert werden. [Aur00] wies nach, dass bei einer Naturfaserverstärkung, insbesondere durch Flachsfasern, „keine grundlegenden Unterschiede zu konventionell kurzfaserverstärkten Thermoplasten existieren“. Dies ermöglicht die Berücksichtigung von Untersuchungen mit naturfaserverstärkten Thermoplasten.

Am Beispiel von endloslangen Ananasblattfasern und Epoxidharz verglich [Pot18] unter anderem das Voigt-Modell und das Halpin-Tsai-Modell jeweils mit der Modifikation nach Krenchel. In den geschilderten Untersuchungen erzielten alle verwendeten Modelle Elastizitätsmodulergebnisse in Beanspruchungsrichtung ohne nennenswerte Abweichungen.

Im Vergleich der E-Moduln des Verbundes quer zur Beanspruchungsrichtung fielen die Resultate differenzierter aus. Ausreichende Übereinstimmungen wiesen die Ergebnisse des Voigt-Krenchel-Modells mit

Abweichungen unter 10 % auf. Diese Treffsicherheit lässt die Schlussfolgerung zu, dass die Modelle für Endloslangfaserverstärkung hinreichend genau sind und die Krenchel-Modifikation auch für Langfasern angewendet werden kann.

[And16] verwendete Compounds aus Langkenaffasern ($l_f = 40$ mm) in einer Epoxidharzmatrix. Anhand der Rasterelektronenmikroskop-Aufnahme der Bruchfläche nach dem Zugversuch (Abbildung 2.15) ist ersichtlich, dass die Fasern aus der Matrix herausgezogen wurden (Löcher) und die Fasern unter 1 mm aus der Matrixbruchfläche herausragen (Faserbruch).

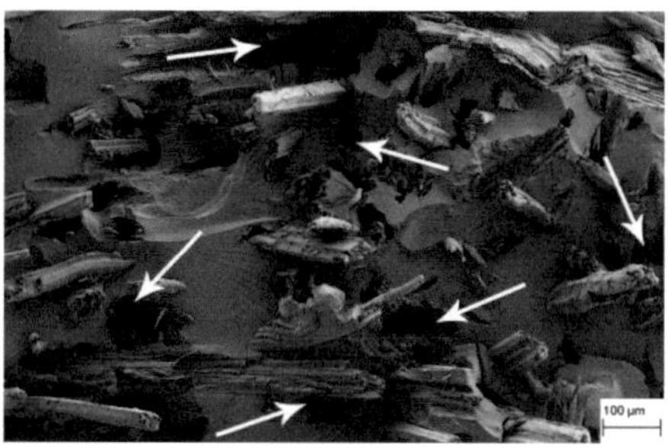

Abbildung 2.15: Rasterelektronenmikroskop-Aufnahme einer Bruchfläche eines naturfaserverstärkten Kunststoffs aus Kenaf und Epoxidharz; Pfeile markieren Löcher herausgezogener Fasern [And16]

In der Untersuchung wurde der E-Modul des Verbundes mit Compounds verschiedener Faservolumengehalte (0 Vol.-% bis 40 Vol.-%) ermittelt (Abbildung 2.16). Unter anderem fand das Cox-Krenchel- sowie das Tsai-Pagano-Modell Anwendung. Die geringsten Abweichungen zu den Messwerten wurden bei Verwendung des Cox-Krenchel-Modells mit <10 % gegenüber 15 % bei Tsai-Pagano erreicht.

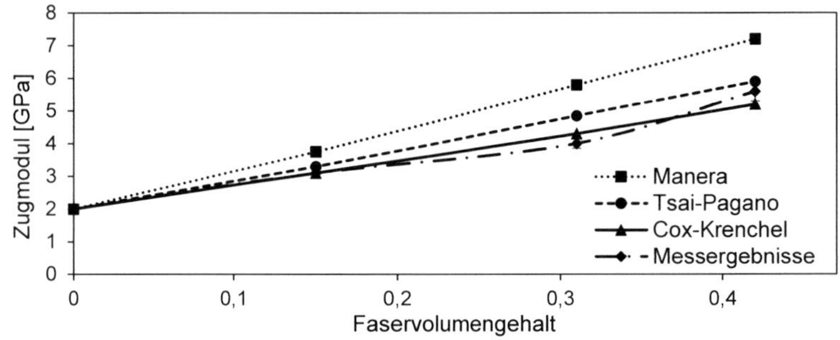

Abbildung 2.16: Gemessene und berechnete Elastizitätsmoduln des Verbundes naturfaserverstärkter Kunststoffe bei unterschiedlichen Faservolumengehalten [And16]

[Oum14] kombinierte Palmfasern mit amorphem Polystyrol und wies die beste Annäherung an die Messergebnisse durch das Cox-Krenchel-Modell nach. Die Berechnungsabweichungen beliefen sich dennoch auf 14 %.

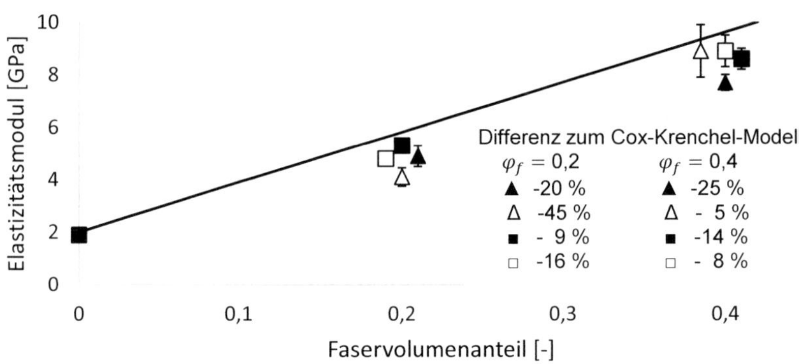

Abbildung 2.17: Elastizitätsmodul des Verbundes geschlagener (Δ) und gehackter (□) Flachs-PP-Verbundwerkstoffe und geschlagener (▲) und gehackter (■) Flachs-MAH-PP-Verbundwerkstoffe über den Flachsfaservolumengehalt. Durchgezogene Linie repräsentiert Berechnungsergebnisse nach Cox-Krenchel. nach [Oev00]

[Oev00] verglich das Cox-Krenchel-Modell mit eigenen Messwerten von flachsfaserverstärkten PP-Fasern aus einem Heißpressversuch und stellte Abweichungen von 5 % ± 20 % bis hin zu 45 % ± 5 % fest. Zu den offen diskutierten Abweichungen wurden in den Berechnungen Faserlängen von 6,00 mm verwendet und im Versuch Längen von 6,25 mm zugeschnitten. Die fehlerhafte Faserlänge im Berechnungsmodell nähert die Ergebnisse an die gemessenen Elastizitätsmoduln des Verbundes fälschlicherweise an. Zusätzlich wurden die Faserorientierungen im Verbund als quasiisotrop (η_0 = 0,375) angenommen. Diese Annahme wurde nicht überprüft, somit können Vorzugsorientierungen in den Messproben die berechneten und gemessenen Ergebnisse fälschlicherweise annähern. Folglich sind die tatsächlichen Abweichungen zwischen berechneten und gemessenen Elastizitätsmoduln des Verbundes größer als in Abbildung 2.17 vom Autor dargestellt.

Festzuhalten ist, dass unabhängig von den untersuchten Faservolumengehalten stets eine Überschätzung des E-Moduls des Verbundes durch die Berechnungsvorschrift nach Cox-Krenchel nachgewiesen wurde. [Oev00]

[Laf13] verwendete ein kurzflachsfaserverstärktes PP ohne Angabe eines Haftvermittlers und verglich das Halpin-Tsai-Modell und das Cox-Krenchel-Modell mit den experimentellen Werten. Er beschrieb Faser-Matrix-Delamination und Faserbruch, jedoch ohne Bildnachweise. Aufgrund von Abweichungen bis zu 33 % beim Cox-Krenchel-Modell und über 100 % nach Halpin-Tsai (Abbildung 2.18) ist das Cox-Krenchel-Modell laut [Laf13] zu bevorzugen.

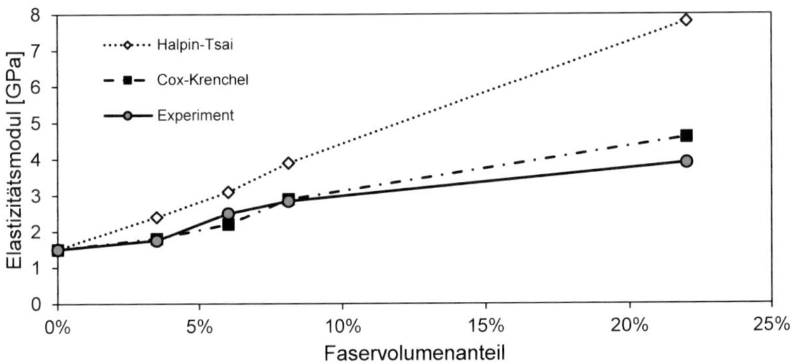

Abbildung 2.18: Elastizitätsmodulberechnungen des Halpin-Tsai- und Cox-Krenchel-Modells im Vergleich zu experimentellen Daten und Matrixmodulanpassungen nach [Laf13]

Im Gegenzug verwendete [Yag17] Langkenaffasern ($\bar{l}_f$= 6 mm) mit und ohne Haftvermittler. Die Ergebnisse von [Yag17] bestätigen die bessere Korrelation mit den Messwerten bei zu Hilfenahme des Cox-Krenchel-Modells (max. 20 % Abweichungen) gegenüber dem Halpin-Tsai-Modell (max. 47 % Abweichungen).

Die Vergleiche aus der Literatur zeigen stets eine höhere Genauigkeit des Cox-Krenchel-Modells gegenüber den alternativen Modellen auf. Dies führt zur Feststellung, dass die Berechnungsvorschrift des Cox-Krenchel-Modells die geringsten Abweichungen unter den vorgestellten Modellen aufweist. Dies konnte auch beim Einsatz von Duromeren, amorphen und teilkristallinen Thermoplasten festgestellt werden.

2.4.3 Auswahl erfolgreicher Cox-Krenchel-Modellanwendungen

Das Cox-Krenchel-Modell zeichnet sich insbesondere durch die physikalische Herleitung der berücksichtigten Einflussgrößen aus. Durch eine Vielzahl von Untersuchungen konnte, unter Verwendung des Cox-Krenchel-Modells, eine Korrelation mit vernachlässigbaren Abweichungen zwischen berechneten und gemessenen E-Moduln festgestellt werden (Abschnitt 2.4.2). Manche Autoren wiesen in den Untersuchungen gar eine direkte Übereinstimmung des Cox-Krenchel-Modells mit den Messergebnissen nach ([Hin14], [Puc15], [And16]).

[Puc15] verwendete unter anderem Polyamid 6 in Kombination mit Kurzkohlenstofffasern und stellte keine Abweichungen fest. Sich verändernde Kristallisationsneigungen wurden berücksichtigt und keine Lufteinschlüsse oder Vakuolen detektiert. Dies lässt, aufgrund des Verzichts auf Haftvermittler, die Schlussfolgerung einer ausreichend vorliegenden Grenzflächenhaftung zu. [And16] verwendete Langkenaffasern (l_f = 40 mm $\pm$ 17,4 mm) in einem Duromer und verzichtete wie [Puc15] auf den Einsatz haftvermittelnder Additive. Die berechneten und die gemessenen Werte, mit einem Faservolumengehalt von 15 %, wichen maximal 6 % zueinander ab. Dabei wurde die in der [DIN12b] empfohlene Vorgehensweise zur Messung von Elastizitätsmoduln eingehalten. [Hin14] verwendete glasfaserverstärktes PP mit mittleren Faserlängen von 1,35 mm bis 2,40 mm und konnte eine Übereinstimmung gemessener und berechneter E-Moduln unter Einsatz haftvermittelnder Additive im PP erzielen. Die Abweichungen des Cox-Krenchel-Modells sind demnach nicht in allen Untersuchungen vorhanden. Es handelt sich demzufolge nicht um einen konstanten Fehler im Vergleich der Modelle.

2.4.4 Bislang nicht berücksichtigte Kennwerte unter Anwendung des Cox-Krenchel-Modells

Die höchste Genauigkeit der Berechnungsergebnisse durch Verwendung des Cox-Krenchel-Modells konnte anhand zahlreicher Quellen aufgezeigt werden (Abschnitt 2.4.2 und 2.4.3). Jedoch ist das zuverlässigste Modell nicht gut genug, wenn Berechnungsabweichungen nachgewiesen wurden, die den E-Modul des Verbundes teilweise über 50 % gegenüber den Messwerten überschätzen. Hierbei wurde stets der berechnete Elastizitätsmodul nach Cox oder Cox-Krenchel mit Messergebnissen aus Zugversuchen gegenübergestellt. Allgemein werden für die Berechnungen die E-Moduln der Einzelkomponenten, der Faservolumenanteil, die Faserlänge und die Orientierung der Fasern gemessen. Die Messungen erfolgen anhand etablierter Messverfahren und Normen. Variieren einzelne Quellen die Vorgehensweise, werden die Variationen einzeln beschrieben. Wo möglich, werden die Abweichungen in den Veröffentlichungen interpretiert und liefern so Hinweise auf bisher rechnerisch unberücksichtigte Einflüsse.

2.4.4.1 Faserinduzierte Matrixmoduländerungen

In der Untersuchung von [Laf13] wurde flachsfaserverstärktes PP mit mittleren Faserlängen von 533 µm bis 642 µm verwendet und Messabweichungen von 18 % gegenüber dem Cox-Krenchel-Modell ermittelt. [Laf13] detektierte Unterschiede im Kristallisationsgrad, die mit dem Faservolumenanteil in Abhängigkeit standen. Daraufhin verwendete [Laf13] die E-Modul-Kristallisationsgrad-Beziehung nach [Wal98] auf das Halpin-Tsai-Modell an. Die Ergebnisse wurden derart verbessert, dass die Werte des justierten Halpin-Tsai-Modells denen der Messwerte teilweise direkt entsprachen. Ein detaillierter Blick auf die Randbedingungen der Veröffentlichung von [Wal98] und die Messdaten von [Laf13] stellen die gefundene Korrelation jedoch in Frage.

Bei Betrachtung der Dehnraten fällt auf, dass die E-Modul-Kristallisationsgrad-Beziehung nach [Wal98] mit Faktor 50 über der laut Norm [DIN12b] empfohlenen Dehnrate von 1 %/min liegt. Erhöhte Dehnraten verursachen höhere E-Moduln bei identischem Kristallisationsgrad. Dies blieb von [Laf13] unberücksichtigt.

Der Kristallisationsgrad von [Laf13] überstieg den Untersuchungsbereich von [Wal98] in den meisten Fällen, und es wurden von [Laf13] lineare Extrapolationen über den Untersuchungsbereich von [Wal98] durchgeführt, ohne abzusichern, ob die Genauigkeit des Ansatzes diese Vorgehensweise erlaubt. Dies lässt die extrapolierten Ergebnisse diskutabel erscheinen

Auch wenn die direkte Verwendung der Beziehung von [Wal98] unter den gewählten Randbedingungen fraglich ist, bleibt zunächst die Beobachtung bestehen, dass [Laf13] unterschiedliche Kristallisationsgrade messtechnisch erfasste, die laut Literatur nachweislich Einfluss auf den E-Modul der Matrixkomponente nehmen können [Hop17]. Dabei bezieht sich [Laf13] auf eine eigene Quelle, die sich zum Zeitpunkt der Veröffentlichung in der Begutachtung befand und unter dem genannten Titel nicht veröffentlicht wurde. Die scheinbare Ursache hierfür ist ein vermutlicher Fehler in der Betrachtung und die Folge eine Ablehnung im Review-Prozess. Auffällig ist, dass die Reduktion des Kristallisationsgrades gut mit der Reduktion des Matrixanteils im Verbundwerkstoff korreliert. Dieser Zusammenhang ist jedoch trivial, da eine Kristallisation in einem naturfaserverstärkten Thermoplast nur im Thermoplast vorhanden sein kann. Es ist demnach plausibel, dass bei einer Berücksichtigung des verringerten Matrixanteils aufgrund einer Faserverstärkung keine Kristallisationsgradänderung entsteht. Die Annahme erhärtet sich, da [Puc15] anhand kurzkohlenstofffaserverstärkten Polyamids den Kristallisationsgrad in seiner Untersuchungsreihe analysierte und einen konstanten Kristallisationsgrad der Matrixkomponente über den Faservolumengehalt des Verbundes nachwies.

Die vorgestellten Untersuchungen geben Anlass zum Zweifel an einer faserinduzierten Kristallisationsgradbeeinflussung, können diesen Verdacht aber nicht ausreichend belegen. Eine Kristallisationsgradänderung aufgrund von Faseranteilen in der Matrix muss untersucht und gegebenenfalls berücksichtigt werden.

2.4.4.2 Lufteinschlüsse

[Cor18] untersuchte die Winkelabhängigkeit der Orientierung an endloszellulosefaserverstärktem PP mit Hilfe der Krenchel- und ohne die Cox-Modifikation. Die Ergebnisse wiesen unterschiedliche Abweichungen im Bezug zu den Orientierungen auf. Erfolgte die Beanspruchung des Verbundwerkstoffs in Faserrichtung mit einer Dehnrate von 33 %/min, konnte [Cor18] eine Übereinstimmung der Messergebnisse mit den Berechnungen nach Krenchel dokumentieren (Abbildung 2.19).

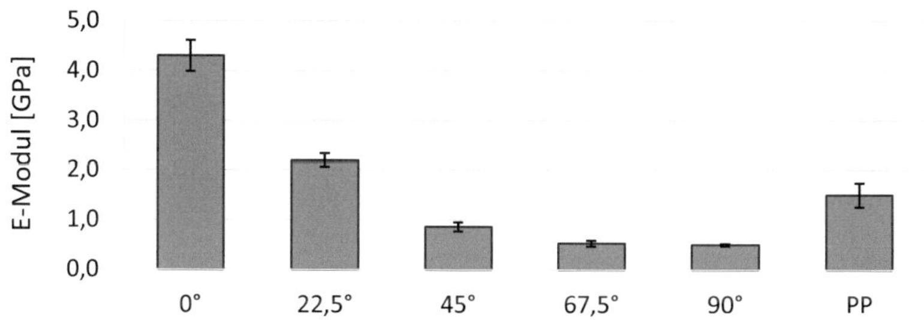

Abbildung 2.19: Einfluss der Abweichung der Faserorientierung von der Zugrichtung auf die mechanischen Eigenschaften [Cor18]

Eine Veränderung des Orientierungswinkels, bezogen auf die Beanspruchungsrichtung, resultierte jedoch stets in einer Überschätzung des gemessenen E-Moduls des Verbundes um bis zu 55 %. Dies führte [Cor18] auf verbleibende Wasseranteile während der Herstellung des Verbundmaterials zurück, die in den Fasern und zwischen den Fasergeweben nachgewiesen wurden. Diese Wasseranteile verdampften im Pressprozess und verursachten Lufteinschlüsse zwischen Matrix und Fasern (siehe Abbildung 2.20).

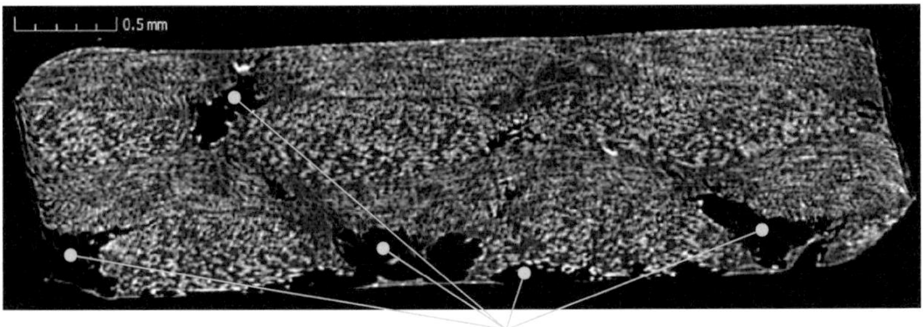

Abbildung 2.20: Computertomographieaufnahme einer Prüfkörperquerschnittsfläche mit 45°-Faserorientierung mit Fasern (hellgrau), Kunststoff (grau) und Fehlstellen (schwarze Bereiche) [Cor18]

Neben den Lufteinschlüssen wiesen die Proben auch von der Matrix nicht benetzte Faserbündel auf. Beide Effekte mindern den gemessenen E-Modul des Verbundes. Auffällig ist, dass bei den Proben der 0°-Faserorientierung die berechneten Werte in der Streubreite der Messwerte liegen. Die detektierten Präparationsfehler scheinen in 0°-Faserorientierung keinen signifikanten Einfluss zu haben. Die Kraftübertragung funktioniert hier jedoch nur denn die Dehnrate in der Messung ist um ca. Faktor 30 erhöht, was später detailliert betrachtet wird. Ganz im Gegenteil zu den restlichen Faserorientierungswinkeln. Hier muss die Matrix in mehreren Probekörperabschnitten die Kraft in die Fasern und aus den Fasern übertragen. Die detektierten Lufteinschlüsse und matrixfreien Faserbereiche stören hier erheblich die Kraftübertragung zwischen den Fasern. Die Folge ist ein verminderter Elastizitätsmodul des Verbundes. Dies erklärt zum einen die hohen Elastizitätsmoduln des Verbundes bei Faserorientierungen in Zugbeanspruchungsrichtung, zum anderen den rapiden Abbau der Elastizitätsmoduln des Verbundes bei Eintritt einer Winkelabweichung zur Zugbeanspruchung. Die beschriebenen Abweichungen von über 55 % zwischen gemessenen und berechneten E-Moduln werden vorrangig diesen Präparationsfehlern zugeschrieben.

2.4.4.3 Fehler durch Vereinfachungen in der Faserorientierungsermittlung

[Wil15] untersuchte spritzgegossenes, faserverstärktes PP mit einer haftvermittelnden Schlichte auf den Glasfasern. Der Faser-Kunststoff-Verbund mit 19 Gew.-% und 34 Gew.-% Glasfaseranteil wies Faserlängen zwischen 800 µm und 1.200 µm auf. In der Gegenüberstellung berechneter und gemessener Werte unterschätzte der Modellansatz die Messergebnisse um bis zu -11 % (Abbildung 2.21).

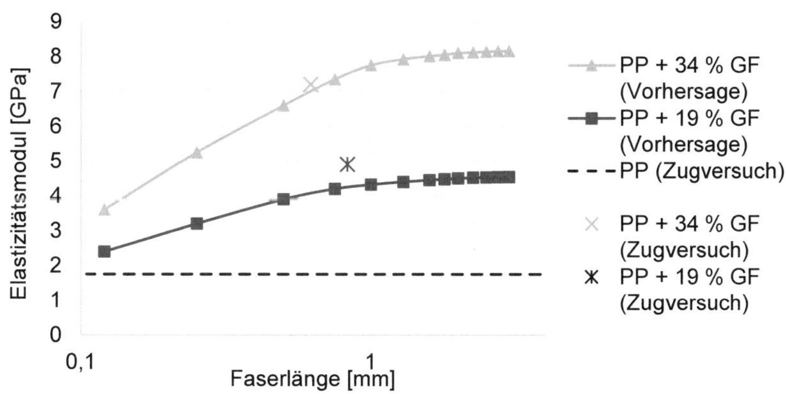

Abbildung 2.21: Vorhersage des Elastizitätsmoduls in Abhängigkeit der Faserlänge (grau und blau) im Vergleich zum Zugversuch (schwarz) [Wil15]

Der Faserorientierungswert wurde von [Wil15] vereinfachend aus dem Zentrum der Probe gebildet. Die Randschichten der quellstrominduzierten Orientierung wurden somit vernachlässigt. Diese Vereinfachung überschätzt in diesem Fall den Orientierungswinkel und wird als Ursache der messtechnisch übertroffenen Modellvorstellungen gesehen.

[Rou19] verwendete kohlenstofffaserverstärkte Epoxidharze und untersuchte deren mechanische Eigenschaften. Die Kohlenstofffasern entstammen aus 20 mm x 20 mm Verschnittresten endlosfaserverstärkter Gelege. Der Gelegeverschnitt wurde dabei mit Glas- und Polyamidfasern in Schussrichtung in Form gehalten. Die Verschnitte wurden verschieden orientiert, drapiert und im Anschluss mit Epoxidharz ummantelt. Waren die Fasern nicht parallel zur Beanspruchungsrichtung ausgerichtet, übertrafen die Messwerte die Berechnungsergebnisse. Dies wurde von [Rou19] auf die Vernachlässigung der Einflüsse der Schussfäden aus Glas- und Polyamidfasern in der Berechnung zurückgeführt. Der Vergleich zwischen gemessenen Werten und dem Cox-Krenchel-Modell in Längsrichtung ergab Abweichungen bis zu 32 %, die nicht weiter von [Rou19] interpretiert wurden.

[Tah11] dokumentierte eine Abweichung zwischen Modell und Experiment von –38 % unter Verwendung eines glasfaserverstärkten PP mit der angegebenen Faserlänge von 500 µm und maximalem Faservolumengehalt von 20 %. Dabei verwendete [Tah11] einen literaturbasierten Wert für quasiisotrope Faserorientierungen von $\eta_0 = 0{,}375$. Die tatsächlich vorliegende Orientierung in den Prüfkörpern wurde nicht gemessen. [Tah11] zweifelte selbst an, dass diese Annahme für den vorliegenden Verbund zutrifft, gibt jedoch die vorliegende Orientierung nicht an. Es kann demnach nicht ausgeschlossen werden, dass ein höherer Faserorientierungswert in den Proben vorherrschte, als der festgelegte Wert für quasiisotrope Faserorientierungen vorgibt.

2.4.4.4 Abweichungen durch Faserlängenschätzungen

Nachweislich schätzte [Tah11] die Faserlänge ab und dokumentierte keine gemessene mittlere Faserlänge. Es kann demnach nicht ausgeschlossen werden, dass eine abweichend mittlere Faserlänge und Faserorientierung in Belastungsrichtung vorherrschten.

[Yag17] verwendete einen Innenmischer zur Herstellung von kenaffaserverstärktem PP mit Maleinsäureanhydrid (MAH) als Haftvermittler. Die Compounds beinhalteten Ausgangsfaserlängen von 2 mm bis 10 mm. Die Faserlängen wurden jedoch nicht nach dem Prozess gemessen, sodass Faserverkürzungen durch den Prozess vernachlässigt wurden. Es ist nicht auszuschließen, dass die detektierten Abweichungen von 18 % auf unberücksichtigte, prozessbedingte Faserverkürzungen zurückzuführen sind. Diese Vermutung verstärkt sich, da das auf den Messergebnissen aufgesetzte empirische Modell besonders die Faserlänge als schwächstes Kriterium in der Bestimmung des E-Modulverbundes beschreibt. Schlussendlich bleibt unklar, ob die dargelegten Abweichungen allein auf die unbestimmten Faserlängen zurückzuführen sind.

2.4.4.5 Dehnratenunterschiede und Prüfgeometrieabweichungen

In den Untersuchungen von [Tah11] wurden Elastizitätsmodulabweichungen von -38 % festgestellt. Neben der semiempirischen Bestimmung der Faserorientierung (Abschnitt 2.4.4.3) sind weitere Randbedingungen der Versuche diskussionswürdig. [Tah11] verwendete die Prüfkörpergeometrie 1BB, die für spritzgegossene Werkstoffe nicht zum Einsatz kommen soll. Die Vergleichbarkeit ist nicht gegeben. „Wenn E-Modulmessungen verlangt werden, wird empfohlen, dass die Prüfgeschwindigkeit einer Dehnrate von 1 %/min entspricht. Wegen der kleinen Messlänge [beim Typ 1BB] und der kurzen Prüfzeiten kann es technisch schwierig sein, den E-Modul an kleinen Probekörpern zu ermitteln. Die an kleinen Probekörper ermittelten Ergebnisse sind nicht mit den Ergebnissen vergleichbar, die an Probekörpern Typ 1 ermittelt werden“ [DIN12b]. Die Messungen von [Tah11] wurden mit einer Dehnrate von ca. 8,7 %/min durchgeführt. Dies stellte eine 8,7-fach überhöhte Dehnrate zur Normvorgabe dar und führt zwangsweise zu erhöhten gemessenen Elastizitätsmoduln des Verbundes [DIN12a, Zhu16]. Dies erklärt, warum die idealisierten Berechnungsergebnisse nach Cox-Krenchel überschritten wurden. Die Vergleichbarkeit der Messergebnisse dieser Veröffentlichung und den weiteren Quellen ist unter den genannten Randbedingungen nicht gegeben, sodass die Quelle [Tah11] im weiteren Verlauf der Arbeit nicht weiter berücksichtigt wird.

[Oum14] verwendete Palmfasern und bettete diese in ein schlagzähmodifiziertes Polystyrol ohne Haftvermittler ein. Die Dehnrate in den Zugversuchen wurde auf 4 %/min eingestellt. Trotz der erhöhten

Dehnrate wurden die Messwerte um bis zu 25 % vom Cox-Krenchel-Modell überschätzt. Mit einer Dehnrate von 1 %/min muss der Messwert laut [Zhu16] sinken und die Abweichung zwischen Messwert und Berechnungsergebnis größer werden.

Die Übereinstimmung der Zugversuchsergebnisse mit den Berechnungen von [Cor18] in 0°-Faserorientierung überrascht, in Anbetracht der Vielzahl an Fehlstellen in den verwendeten Probekörpern zur Analyse der Winkelabhängigkeit (vgl. Abbildung 2.19). Insbesondere, da die Übereinstimmung ausschließlich in der 0°-Faserorientierung vorherrscht. Aufschluss über diese Diskrepanz gibt ein Blick auf die Dehnrate in Verbindung mit der verwendeten Probenlänge. Daraus resultiert eine Dehnrate von 33,3 %/min. Dies weicht von der empfohlenen Dehnrate von 1 %/min nach DIN EN ISO 527-2 [DIN12b] ab. Es ist davon auszugehen, dass hier der Effekt der erhöhten Dehnrate den des verminderten Elastizitätsmoduls des Verbundes ausgleicht. Hervorzuheben ist, dass im Rahmen dieser Untersuchung kein haftvermittelndes Additiv zum Einsatz kam.

2.4.4.6 Modulbeeinflussung durch Modifikation der Grenzflächeneigenschaften

[Vil12] untersuchte den Einfluss von Maleinsäureanhydrid (MAH) am Verbundmaterial aus PP und Kiefernholz. Trotzdem, dass [Vil12] unter Einsatz von Haftvermittlern keine signifikante E-Modulbeeinflussung am Verbund erzielte, mehren sich die Untersuchungen, die eine signifikante Verbesserung des E-Moduls des Verbundes unter Einsatz von

MAH nachweisen. [Yua08] untersuchte ahornholzfaserverstärktes Polyethylen (PE) und PP mit und ohne den Einsatz von MAH (Abbildung 2.22) und wies direkte Abhängigkeiten nach.

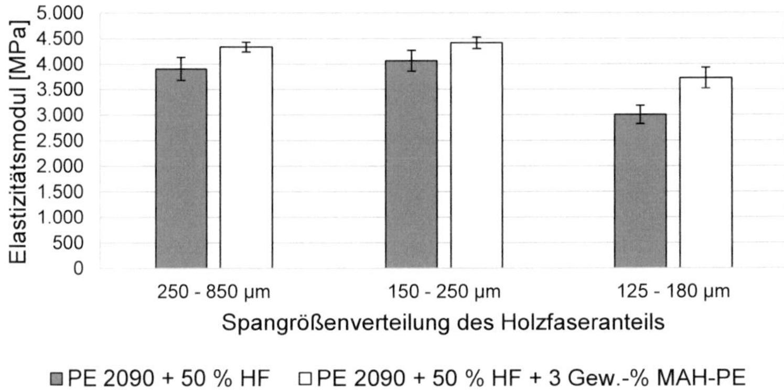

Abbildung 2.22: Elastizitätsmodulergebnisse von Polyethylen (PE) + 50 Gew.-% Ahornholzfasern aus dem Zugversuch [Yua08]

In den Untersuchungsreihen wurden signifikante Verbesserungen von bis zu 24 % erzielt, sobald MAH Bestandteil des Verbundwerkstoffs war. Die Menge an MAH, wie in diesem Fall 3 Gew.-%, wurde in dieser Untersuchung, wie auch in vielen weiteren, nicht variiert.

Wie in Abschnitt 2.4.2 geschrieben, führte der Vergleich von [Oev00] zu signifikanten Messabweichungen bis zu 45 % ± 5 %. Unabhängig vom Modellvergleich wurde auch der Einsatz von MAH-PP analysiert (Abbildung 2.17 siehe S. 42). Für die Untersuchung wurden Flachsfasern der Länge 6,25 mm mit einem Anteil von 20 Vol.-% und 40 Vol.-% in ein PP eingebettet und teilweise mit Beimengungen von 3,5 Gew.-% MAH-PP versehen. Die Beimengungen des Haftvermittlers verbesserten die Elastizitätsmoduln des Verbundes bei 20 Vol.-%.

Bei Faseranteilen von 40 Vol.-% wurden hingegen keine signifikanten E-Modulverbesserungen festgestellt. Jedoch konnte in den Messwerten eine verringerte Streubreite mit MAH nachgewiesen werden (Abbildung 2.17). [Oev00] diskutierte die Menge des MAH-PP und erläuterte, sich aufgrund maximaler Festigkeitswerte auf 3,5 Gew.-% MAH-PP festgelegt zu haben. [Mie95] gab hingegen 1,0 Gew.-% als hinreichende Additivmenge in seinen Untersuchungen bezüglich der optimalen MAH-PP Beimengung an. Dieser Widerspruch wurde von [Oev00] aufgegriffen und über unterschiedliche Applikationsverfahren differenziert. Während [Mie95] den MAH direkt auf die Faseroberfläche applizierte, kombinierte [Oev00] seine Proben mit MAH angereichertem PP. [Oev00] rechtfertigte die vermeintlich hohe Menge an MAH über Additivkonzentrationen aufgrund schlechter Durchmischung und Materialverluste beim vorgelagerten Filtrationsprozess seines Versuchsaufbaus. Trotz der MAH-Zugabe stellte er Faser-Matrix-Delamination fest und vermutete, dass der Haftvermittler nicht ausreichend chemische Bindungen zwischen Faser und Matrix hervorrufen konnte. [Oev00]

[Yag17] stellte im Vergleich berechneter und gemessener Elastizitätsmoduln des Verbundes eine Abweichung von bis zu 18 % fest. Der verwendete Versuchsplan variierte unter anderem die MAH-Anteile. MAH konnte, neben der Faserlänge und dem Faservolumenanteil, als signifikanter Einflussfaktor auf die gemessenen Elastizitätsmoduln des Verbundes bestimmt werden. Was eine Oberflächenmodifikation durch MAH zwischen einer spezifischen Faser-Matrix-Kombination in

Form einer Elastizitätsmoduländerung bewirken kann, ist bislang nicht berechenbar.

Doch nicht nur der Einsatz von MAH kann die Elastizitätsmoduln der Verbunde verbessern. [Hil93] erzielte beispielsweise eine signifikante Verbesserung des E-Moduls des Verbundes mit oberflächenbehandelten Polyethylenfasern, die mit Zement zu Beton verarbeitet wurden. [Wu96] wies zudem in Einzelfaserauszugtests signifikante E-Modul- und Festigkeitszunahmen nach einer Plasma-Oberflächenbehandlung von Polyethylenfasern in Beton nach. Dabei wurden hoch gereckte Polyethylenfasern einer Gasplasmabehandlung unterzogen, mit der Absicht, die Oberflächenspannungen zu verändern und verbesserte Adhäsion zwischen Faser und Beton zu ermöglichen. Mit der Verbesserung der Adhäsion zwischen Faser und Matrix stieg auch der E-Modul des Verbundes des jeweiligen Faser-Beton-Gemischs signifikant an. [Wu96]

Die vorhandenen Defizite in der Adhäsion zwischen Faser und Matrix können folglich durch Haftvermittler beeinflusst werden. Ein allgemeingültiger Ansatz zur Beschreibung der Adhäsionsdefizite in der E-Modulberechnung kurzfaserverstärkter Thermoplaste wird im Stand der Technik nicht beschrieben.

2.4.4.7 Zusammenfassung

Bis auf die Veröffentlichung von [Wil15] wiesen alle recherchierten Modellanwendungen stets höher berechnete Elastizitätsmoduln des Verbundes gegenüber den Ergebnissen des Zugversuchs nach. Die ermittelten Abweichungen sind zum einen auf vereinfachte Kennwertermittlungen und abweichende Randbedingungen, zum anderen auf vernachlässigte Kennwerte in der Berechnungsvorschrift zurückzuführen. Erstere sind: abweichende Probekörpergestalt, erhöhte Dehnraten und grob vereinfachende Methoden zur Faserorientierungsermittlung. Diese Abweichungen können durch sorgsame Wahl der Randbedingungen, Probenpräparation und sorgsame Messungen minimiert bis vermieden werden. Letztere sind Kristallisationsgradänderungen, Lufteinschlüsse oder Vakuolen im Formteil sowie Adhäsionsdefizite an der Grenze zwischen Faser und Matrix. Die spezifische Relevanz bislang vernachlässigter Materialeinflüsse auf den Elastizitätsmodul wird folgend für kurzfaserverstärkte Thermoplaste zusammengefasst.

2.5 Einflussmöglichkeit unberücksichtigter Kennwerte auf den Elastizitätsmodul des Verbundes

2.5.1 Faserinduzierte Kristallisationsunterschiede in Thermoplasten

Die Kristallisation kann bei teilkristallinen Thermoplasten beobachtet werden. Sie entsteht vorrangig, wenn Schmelzen unter die werkstoffspezifische Kristallisationstemperatur gekühlt werden. Die Kristallisation wird in Thermoplasten durch zwei grundlegende Größen beschrieben: den Kristallisationsgrad, den Sphärolithdurchmesser beziehungsweise der -größe. Beide Größen sind über die Sphärolithanzahl voneinander abhängig. Der Kristallisationsgrad beschreibt den prozentualen Anteil an Kristallen im Thermoplast.

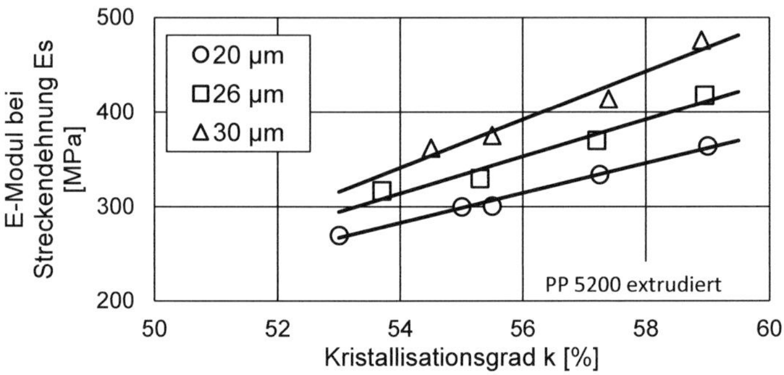

Abbildung 2.23: Einfluss des Kristallisationsgrades und Sphärolithdurchmessers auf den Elastizitätsmodul [Hop17]

Der Kristallisationsgrad sowie der Sphärolithdurchmesser haben das Potential, den Elastizitätsmodul der Matrix zu beeinflussen. Aus der Literatur lassen sich folgende Zusammenhänge für teilkristalline Thermoplaste recherchieren. Mit steigendem Kristallisationsgrad verringert sich die Duktilität des Thermoplasts und der Elastizitätsmodul der Matrix steigt (Abbildung 2.23). Der Sphärolithdurchmesser kann von wenigen Mikrometern bis hin zu dreistelligen Mikrometern variieren. Unter der Voraussetzung gleicher Kristallisationsgrade verfestigen große und somit weniger Sphärolithe den Thermoplast. Höhere Elastizitätsmoduln sind die Folge. Kleine Sphärolithdurchmesser erhöhen die Duktilität des Thermoplasts, der Elastizitätsmodul der Matrix sinkt. Kleine Sphärolithdurchmesser entstehen vorrangig unter Verwendung von Füllstoffen. [Hop17]

Füllstoffe, wie beispielsweise Verstärkungsfasern, werden häufig in Anlehnung an eine heterogene Keimbildung als Nukleierungsmittel betrachtet. Die Verstärkungsfasern dienen dem Thermoplast als Keimbildner. [Ven00] wies eine erhöhte Kristallbildung und Kristallisationsneigung an der Grenzfläche zwischen Verstärkungsfasern und dem teilkristallinen Thermoplast Polybutylenterephthalat nach. Leider untersuchte [Ven00] in diesem Zusammenhang nicht die Auswirkungen auf den Elastizitätsmodul des Verbundes. Nachweislich agieren Fasern als Nukleierungsmittel und beeinflussen so die Keimanzahl, die Kristallisationsneigung sowie den Kristallisationsort [Mog91] und die Ausbildung einer transkristallinen Schicht [Tho92].

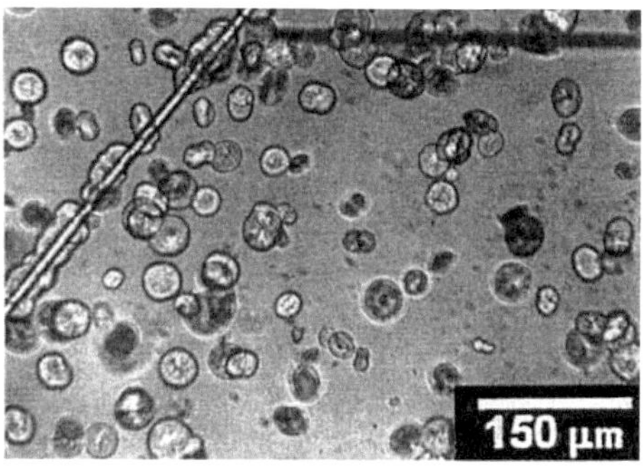

Abbildung 2.24: PP-Kristallisation unter Anwesenheit von Glasfasern bei 132 °C [Ken00]

Am Beispiel der Untersuchung von [Ken00] wird insbesondere durch die Abbildung 2.24 ersichtlich, dass der Effekt einer beschleunigten Nukleierung bei einer konstanten Temperatur von 132 °C nicht zum Tragen kommt. Dennoch entstehen an der Fasergrenzfläche transkristalline Schichten in Form von kristallinen Bereichen mit erhöhter Sphärolithanzahl [Tho92, Ven00, Loo01, Fri14] (Abbildung 2.25).

Abbildung 2.25: Darstellung einer transkristallinen Schicht an einer Glasfaser in Polypropylen [Fri14]

Die Entstehung einer transkristallinen Schicht mit vielen Sphärolithen wurde häufig an Verstärkungsfasern in isotaktischen PP nachgewiesen. Das PP wurde entweder mit Naturfasern, keramischen Fasern oder organischen Fasern kombiniert. Beispielsweise schuf [Tho03] isotherme Randbedingungen, um ein Wachstum der Sphärolithe an Sisalfasern zu begünstigen. Im Versuch wurde nach zwei Stunden sowie nach zwölf Stunden bei 139 °C die folgende Schichtausprägung bildtechnisch erfasst (Abbildung 2.26).

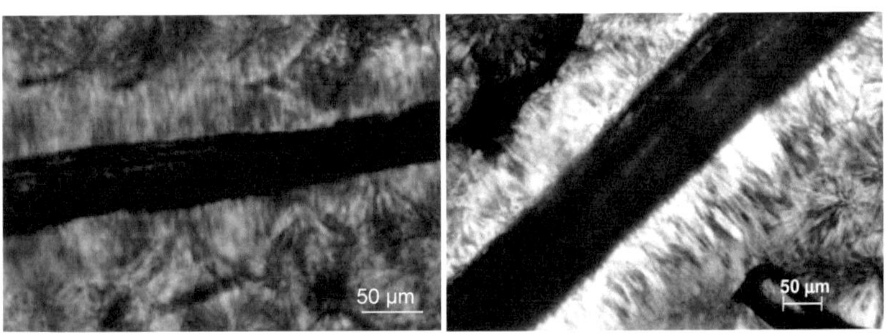

Abbildung 2.26: Nukleierungsprozess und transkristallines Wachstum zu unterschiedlichen Zeitpunkten: nach zwei Stunden (links) und nach zwölf Stunden (rechts) [Tho03]

[Bor13] verwendete PP und analysierte die Entstehung transkristalliner Schichten an Kiefernholzfasern unter isothermen Bedingungen. Dabei variierte er einerseits die Vorbehandlungsintensität der Holzfasern mit NaOH und andererseits den Anteil verschiedener haftvermittelnder Additive in der Matrix. Ihm gelang es, die verbundspezifische Wachstumsrate der transkristallinen Schichten von 0,0 µm/min bis 18,1 µm/min bei 134 °C nachzuweisen. [Ble99] untersuchte transkristalline Effekte an Verstärkungsfasern variotherm mit Hilfe der Differenzkalorimetrie (DSC). Die größte transkristalline Schicht von ca. 100 µm wurde bei einem Kühlgradienten von 5 K/min und nach 15 min erzielt. Doch auch höhere Kühlgradienten bis 30 K/min ließen transkristalline Schichten an den Verstärkungsfasern entstehen. Die transkristalline Schichtausprägung startete bei höheren Kühlgradienten erst bei geringeren Temperaturen. Die transkristalline Schichtdicke war zudem bei 30 K/min deutlich verringert. Untersuchungen der transkristallinen Schichtdicke an faserverstärktem PP mit spritzgießprozessrelevanten Kühlgradienten von 150 K/min bis 400 K/min konnten der Literatur nicht entnommen werden. [Bor13] musterte zwar die Verbundmaterialien mit unterschiedlichen transkristallinen Wachstumsraten im Spritzgießprozess ab und bestimmte die mechanischen Eigenschaften der Verbundmaterialien im Zugversuch. Er konnte auch signifikante Unterschiede unter den variierten Verbundmaterialien feststellen. Dass die Ursache in einer transkristallinen Schicht und nicht aufgrund der mechanischen Schwächung der Fasern durch alkalische Lösungen und der verbessernden Haftung zwischen Faser und Matrix durch haftvermittelnde Additive beruht, konnte die Untersuchung nicht liefern.

[Zho11] untersuchte glasfaserverstärktes Polypropylen einerseits unter isothermen Bedingungen bei 135 °C und andererseits bei einem Kühlgradienten von 20 K/min. Beide Varianten wurden auf deren Grenzflächenschubfestigkeit untersucht. Die isothermen Proben wiesen deutliche transkristalline Bereiche auf und zeigten die geringsten Grenzflächenschubfestigkeiten. Das Versagen wurde am Übergang der transkristallinen Schicht zu den Sphärolithen des Polypropylens nachgewiesen. Die gekühlten Proben besaßen keine transkristallinen Schichten und wiesen vergleichsweise höhere Grenzflächenschubfestigkeiten auf. Das Versagen trat in der Grenzfläche zwischen Faser und Matrix auf. Folglich reduzieren transkristalline Schichten die Verbundeigenschaften und können an der Bruchfläche durch Verbleib des Thermoplasts an der Faser von Matrices ohne transkristalline Schicht an den Grenzflächen zur Faser unterschieden werden. [Zho11]

Auch wenn die Beeinflussung des Kristallisationsgrades durch Einbringen von Fasern in die Matrix der Literatur nicht entnommen werden konnte, hat laut [Wal98] eine Kristallisationsgradänderung Einfluss auf den E-Modul eines Werkstoffs. In seiner Untersuchung wurde die resultierende Kristallinität anhand unterschiedlicher Taktizität zweier gemischter PP erzwungen. Die Beeinflussung des Kristallisationsgrades wurde somit nicht durch Zugabe von Füllstoffen erzielt. [Wal98] dokumentierte in der Untersuchung gleichwertige Melt-Flow-Index (MFI), vernachlässigte jedoch den Einfluss unterschiedlicher Molekülkettenlängen, der nicht über den MFI ausreichend beschrieben werden kann.

Die Molekülkettenlänge hat jedoch neben der Taktizität des PP einen maßgeblichen Einfluss auf den E-Modul [Sha20]. Beide Möglichkeiten einer signifikanten Kristallisationsgradänderung basieren auf Matrixwerkstoffänderungen durch Mischen zweier Matrixwerkstoffe beziehungsweise durch Veränderung der Molekülkettenlänge. Die vorgestellten Untersuchungen konnten den Einfluss von Verstärkungsfasern auf den Kristallisationsgrad bislang weder global bestätigen noch ausschließen. Der Kristallisationsgrad mit und ohne Verstärkungsfaser muss demnach für die getroffene Werkstoffkombination verglichen werden.

[Oum14] verwendete ein ataktisches Polystyrol, welches unter Verwendung von Kautschuk hinsichtlich einer verbesserten Schlagzähigkeit modifiziert wurde. Das schlagzähmodifizierte Polystyrol wies keine kristallinen Bereiche auf. In der Folge des Fehlens von Sphärolithen belegte [Oum14] Messabweichungen von 17 % gegenüber dem Cox-Krenchel-Modell auf. Diese Abweichungen sind vergleichbar mit Ergebnissen aus Untersuchungen von Verbundmaterialien mit teilkristallinen Matrices. Schlussfolgernd wird die Kristallisation als möglicher Einfluss auf die Elastizitätsmoduln des Verbundes faserverstärkter Thermoplaste als vernachlässigbar klein erachtet, so lange der Kristallisationsgrad der Matrix nicht signifikant steigt.

2.5.2 Lufteinschlüsse

Lufteinschlüsse sind Hohlräume in einem Werkstoff, in denen keine Verbundmaterialkomponente vorhanden ist, sondern Gase, wie zum Beispiel Luft. Lufteinschlüsse mindern den wirksamen Querschnitt des Werkstoffs (Abbildung 2.20). Werden sie vernachlässigt, wird eine zu große Querschnittsfläche angenommen und der E-Modul des Verbundwerkstoffs reduziert sich. Dies wies auch [Cor18] an thermogeformtem PP-Cellulose-Mischvlies nach.

Typische Anwendungen für kurzfaserverstärkte Thermoplaste sind jedoch das Spritzgießverfahren und die Extrusion. [Mad11] untersuchte PP als Verbundwerkstoff sowohl mit Hanf- als auch mit Flachskurzfasern. Die von [Mad11] beschriebene Porosität als Einflussmöglichkeit auf resultierenden Elastizitätsmoduln des Verbundes wurde eingehend untersucht. [Mad11] konnte in all seinen Untersuchungen eine Porosität unter 0,2 % nachweisen. Dies steht im Widerspruch zu den Untersuchungen von [Cor18]. Aufgrund der Verwendung abweichender Verfahren spritzgegossener Compounds bei [Mad11] und eines thermogeformten PP-Cellulose-Mischvlieses bei [Cor18] kann der Einfluss auf verfahrensspezifische Fehler zurückgeführt werden. Diese Annahme wird durch die Beobachtung weiterer Quellen untermauert, in denen die Vernachlässigung der Porosität oder Lufteinschlüsse zum Tragen kommt und keine Lufteinschlüsse in den Proben erkennbar sind [Yag17, Laf13, Tah11]. Auch die einschlägige Literatur zur Verfahrenstechnik nennt Lufteinschlüsse und Porosität nicht als Fehlerbilder des Spritzgussverfahrens [Joh04].

2.5.3 Haftvermittlung in der Faser-Matrix-Grenzfläche

Der Verzicht auf haftvermittelnde Additive, insbesondere bei Verbünden aus PP und Verstärkungsfasern, führt zu signifikanten Abweichungen zwischen berechneten und gemessenen Elastizitätsmoduln des Verbundes (vgl. Abschnitt 2.4.2). Das meist verwendete, haftvermittelnde Additiv in Thermoplasten ist Maleinsäureanhydrid (MAH), aber auch Silane und Acrylate finden vereinzelt Verwendung. Die Kombination aus Haftvermittler und PP wird wie folgt beschrieben: „Die erhaltenen Produkte haben weiterhin Wachscharakter, fungieren aber in aller Regel aufgrund ihrer funktionellen Gruppen nicht mehr als Gleitmittel, sondern als Haftvermittler oder Verträglichkeitsvermittler" [Mai16].

Die Wirkung des MAH-PP an der Faser kann wie folgt beschrieben werden. Die Oxidgruppen des MAH reagieren mit den Hydroxylgruppen der Fasern und ermöglichen die Übertragung von Kräften von der unpolaren Matrix (z. B. PP) auf die polaren Fasern (z. B. Glasfaser) und zurück. Dabei öffnet sich der Ring des MAH und eine kovalente Bindung (Primärbindung) entsteht (Abbildung 2.27). Dies wird von [Fue18] als chemische Adhäsion bezeichnet, denn es konnte keine signifikante Änderung der Oberflächenspannungswerte (physikalische Adhäsion) gepfropfter Polymere gemessen werden. Der Elastizitätsmodul des Verbundes wurde im Rahmen von Einzelfaser-Auszugstests ermittelt und stieg bei 1 Gew.-% und 2 Gew.-% MAH um bis zu Faktor 2,2 an.

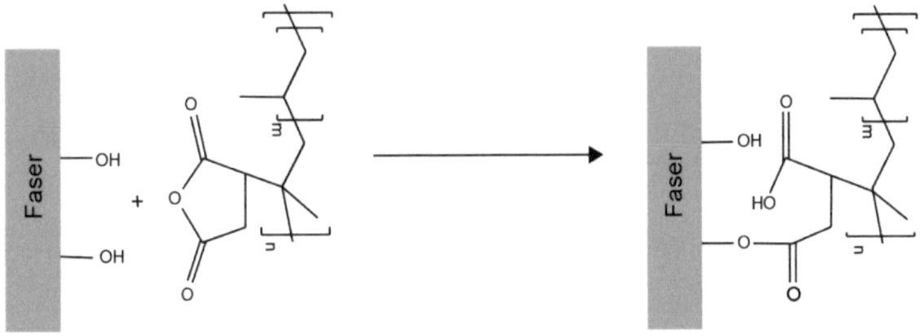

Abbildung 2.27: Ringöffnungsreaktion des MAH mit den Hydroxylgruppen der Faseroberfläche [Mai16]

Das Fehlen dieser Additive führt nicht nur zu verringerten Elastizitätsmodulmessergebnissen, es ermöglicht auch, die Haftungsdefizite zwischen den reinen Verbundwerkstoffen aufzuzeigen. [Gao99a] assoziierte die Abweichung zwischen gemessenen und berechneten Werten mit einer verminderten Adhäsion in der Faser-Matrix-Grenzfläche. Dabei kamen endloslangfaserverstärkte Kohlenstofffasern in einer Epoxidharzmatrix zum Einsatz. Er konstruierte den Faktor q aus dem Vergleich berechneter und gemessener Elastizitätsmoduln des Verbundes. Der Faktor q ist jedoch von ihm nicht weiter spezifiziert oder physikalisch hergeleitet worden. Er repräsentiert bei [Gao99a] den Modellfehler gegenüber den Messergebnissen, wird als Indikator verminderter Adhäsion postuliert und beinhaltet zu Teilen oder alleinig die Summe aller Messfehler. Der Faktor q variiert zwischen eins und null. Bei $q = 1$ liegt eine uneingeschränkte Kraftübertragung vor, die der Betrachtung beschriebener Modelle gleicht. Ist $q = 0$, ist keine Kraftübertragung an die Fasern möglich. [Gao99a] spricht in diesem Fall vom reinen Gleiten der Faser in der Matrix. Die in seinen Versuchen vorherrschende Versagensart wurde von [Gao99a] nicht dokumentiert.

Der Annahme von [Gao99a] fehlt eine physikalisch basierte Beschreibung. Eine Betrachtung des Standes der Wissenschaften zur Adhäsion und deren Gruppierungen folgt in dieser Arbeit, um physikalisch basierte Ansätze für eine mathematische Beschreibung zu suchen.

2.6 Adhäsionseinflüsse auf Elastizitätsmoduln des Verbundes

Die Adhäsion ist die Ursache der notwendigen Arbeit zur Trennung zweier zusammengebrachter Körper [Pot04]. Sie steht in dieser Publikation für die Trennungsarbeit zwischen Faserverstärkungen und dem Matrixmaterial. Vor der Adhäsion bedarf es jedoch einer Benetzung zwischen den beiden Fügepartnern. Die Art der Benetzung beschreibt die Güte für das Aufbauen einer direkten Kontaktfläche zwischen den beiden Fügepartnern. Nur in der direkten Kontaktfläche kann die Adhäsionsarbeit wirken und dem Trennen des Verbundes entgegenwirken.

2.6.1 Benetzungstheorie

Eine größtmögliche Kontaktfläche zwischen den Haftpartnern gilt als Grundvoraussetzung für eine zuverlässige Übertragung von mechanischen Spannungen zwischen Fasern und Matrix [Hau02]. Dies erfolgt nur, wenn die Grenzflächen sich auf einen Abstandsbereich zwischen 0,1 nm bis 1,0 nm annähern können, sodass mindestens Nebenvalenzkräfte wirken [Hau02]. Es ist von hoher Wichtigkeit, wie gut sich die Flüssigkeit (geschmolzene Matrix) auf der Feststoffoberfläche (Faser) verteilt. Ein Spreiten der Matrix auf der Faseroberfläche, zum Zeitpunkt des Mischvorgangs, gilt als idealer Benetzungszustand [Hau02].

Wird ein Spreiten auf der Faseroberfläche erreicht, ist eine allumfassende Verteilung der Matrix sichergestellt [Che13] (Abbildung 2.28 a).

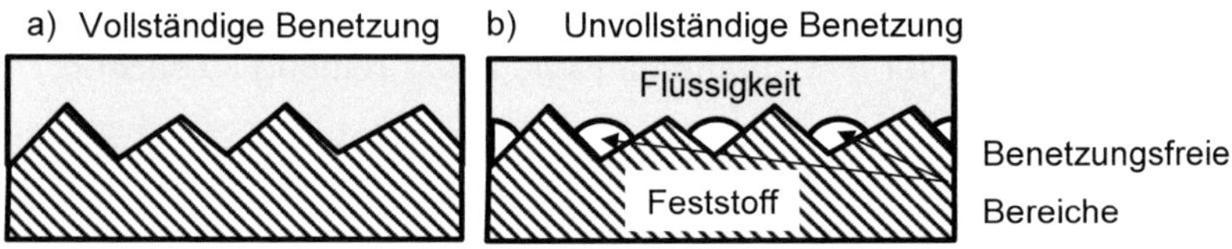

Abbildung 2.28: Oberflächenbenetzungsverhalten: spreitender (a) und unvollständig benetzter (b) Flüssigkeit

Die Güte der Benetzung kann beispielsweise mit Hilfe des Kontaktwinkels beschrieben werden. Zwischen beiden Verbundpartnern und einem Gas oder Gasmischung (vorrangig Atmosphäre) wird mit Hilfe der Youngschen Gleichung ein stationärer Zustand beschrieben, indem sich ein Flüssigkeitstropfen auf einer Feststoffoberfläche befindet. Beide Materialien sind von einer Atmosphäre mit vernachlässigtem Dampfdruck umgeben, weisen eine glatte Oberfläche auf, sind chemisch homogen und der Erdgravitation ausgesetzt. Folglich bilden sich Grenzflächen zwischen Feststoff und Flüssigkeit, Flüssigkeit und Gasgemisch sowie Feststoff und Gasgemisch [You05] (Abbildung 2.29). Der Grenzwinkel, der Punkt indem sich die drei Grenzflächen treffen, wird Kontaktwinkel Θ genannt. Der sich ausbildende Kontaktwinkel zeigt insbesondere an, wie sehr die Flüssigkeit aufgrund ihrer Oberflächenspannung γ_2 der Anziehung der Oberflächenspannung des Feststoffs $\gamma_1$widerstehen kann.

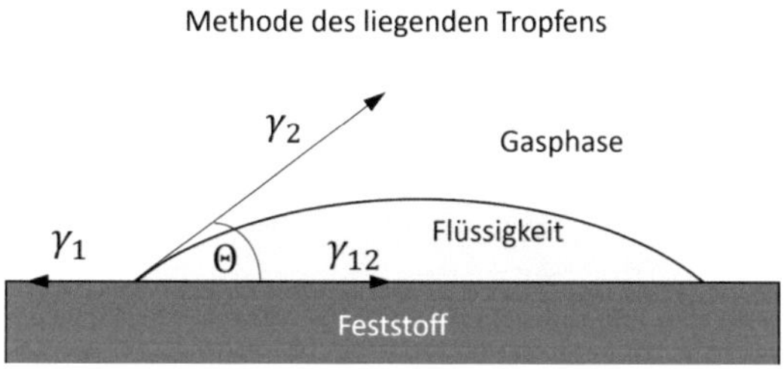

Abbildung 2.29: Darstellung des Gleichgewichts der Spannungstensoren nach der Youngschen Gleichung am Beispiel der Methode des liegenden Tropfens

Der Kontaktwinkel ist ein Maß für die Benetzungsgüte zwischen gewählter Flüssigkeit und Feststoff bei den beschriebenen Randbedingungen. Unterschiedliche Quellen teilen die Benetzungsgüte anhand des Winkelwertes differenziert ein. Die recherchierten Quellen beschreiben jedoch die Grenzwerte anhand aufsteigender Kontaktwinkel in: Spreiten Θ=0°, Benetzung 0°< Θ<90° und schlechter bis keiner Benetzung 90°< Θ<180° [Njo07, Poc10]. [Njo07] unterteilt den Wertebereich Benetzung in vollständige Benetzung 0°< Θ<45° und in teilweiser Benetzung für 45°< Θ< 90° (Abbildung 2.30).

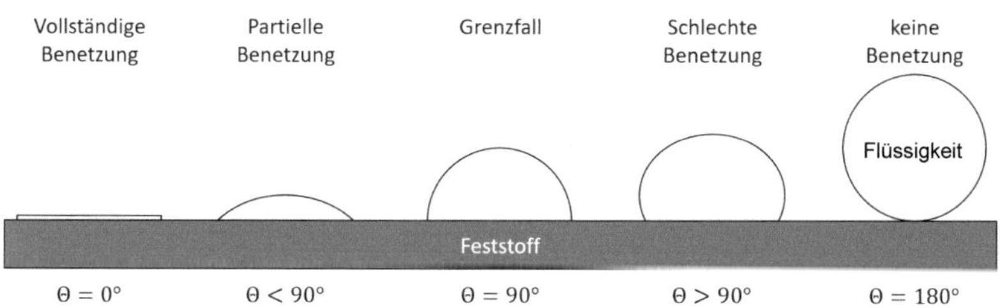

Abbildung 2.30: Charakteristische Benetzungszustände in Abhängigkeit des Kontaktwinkels zwischen Flüssigkeit und Feststoff

Der sich ausbildende Kontaktwinkel ist stets abhängig von der vorliegenden Temperatur. Dies wurde über die Eötvössche Regel bereits im 19. Jahrhundert definiert. [Eoe86] beschreibt zudem eine lineare Temperaturabhängigkeit des Kontaktwinkels, die für alle Flüssigkeiten einen nahezu gleichen Anstieg aufweist. [Wou03, Jia18] bestätigten durch eigene Messungen (Abbildung 2.31), dass ein Temperaturanstieg stets zur Minderung des Kontaktwinkels führt und dokumentieren keine widersprüchlichen Ergebnisse zu den Aussagen in [Eoe86]. Gleiches gilt für Untersuchungen an Polystyrolschmelze zwischen 178 °C bis 227 °C [Dem94], PP-Schmelze bei 220 °C bis 277 °C [Esc86], ataktisches PP, HDPE, LDPE in Schmelze und Feststoff zwischen 20 °C bis 200 °C [Roe67] und Messungen an isotaktischen und syndiotaktischen PP [Men01].

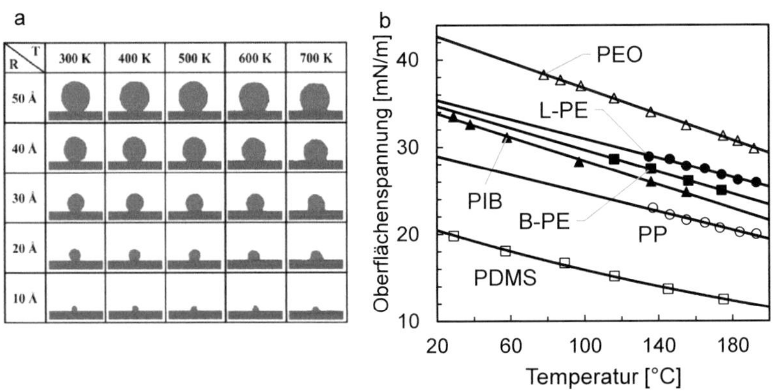

Abbildung 2.31: Reduktion des Kontaktwinkels bei steigender Umgebungstemperatur: am Beispiel eines flüssigen Kupfertropfens auf Silizium, R-Radius des Tropfens in Ångström (a) [Jia18] und am Beispiel von Thermoplasten (b) [Roe67]

Die hohe Viskosität von Thermoplastschmelzen hat laut [Pot04] einen übergeordneten Einfluss auf die Benetzung beim Fügen von Kunststoffen. Dieser Einfluss scheint jedoch transient zu sein. „Sowohl die Oberflächenbenetzbarkeit als auch die Flüssigkeitsviskosität beeinflussen die Trägheitsstufe der Benetzung sowie die viskose Stufe. Während der Trägheitsbenetzungsphase wird die effektive Masse des Ausbreitungstropfens durch die Oberflächenbenetzbarkeit und die Flüssigkeitsviskosität beeinflusst. Dies führt zu einer langsameren Ausbreitungsgeschwindigkeit auf hydrophoben Oberflächen oder hochviskose Flüssigkeiten."[Che13] „Wenn sich der Tropfen ausbreitet, bewegt sich [die Benetzungsgrenzfläche] mit der Kontaktlinie und verursacht eine viskoelastische Dissipation, die die Ausbreitung durch das sogenannte „viskoelastische Bremsen" dominiert und verlangsamt". [Car01]

Der von Young geforderte Gleichgewichtszustand bei der Kontaktwinkelmessung wird je nach Viskosität der Schmelze zeitlich verzögert erzielt (Abbildung 2.32). Mit Erreichen des Gleichgewichtszustands endet der Einfluss einer konstanten Viskosität für die Benetzungsgüte [Che13] (vgl. Abbildung 2.32: 180 sec zu 360 sec). Diesen zeitlichen Einfluss konnte [Hir19] im Rahmen der Untersuchung von Oberflächenspannungs- und Viskositätseinflüssen bei Hochgeschwindigkeitsdruckverfahren feststellen.

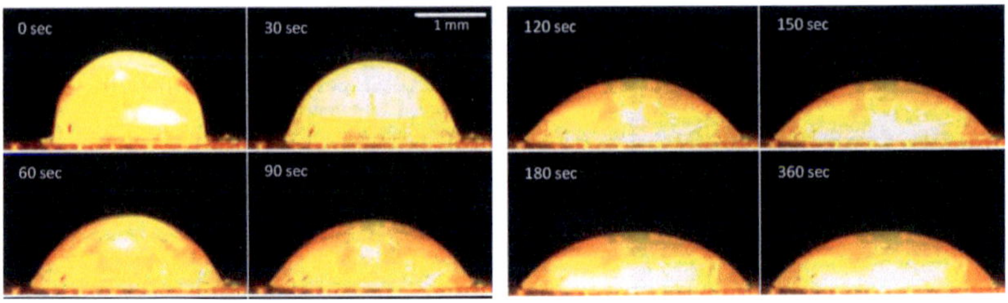

Abbildung 2.32: Aufnahme eines zerfließenden PP-Tropfens bei 220 °C. Sec=Sekunden [Fue18]

Die Betrachtung der Oberflächenspannungsunterschiede zwischen Faser und Matrix gibt direkte Auskunft über das Benetzungsverhalten. Der physikalische Zusammenhang wird über den Spreitkoeffizient S von [Haw52] anhand der folgenden Formel beschrieben.

$$S = \gamma_1 - \gamma_2 - \gamma_{12} \qquad 2.14$$

[Haw52]

γ_1 – $Oberflächenspannung\ des\ Feststoffs$ [mN/m]

γ_2 – $Oberflächenspannung\ der\ Flüssigkeit$ [mN/m]

γ_{12} – $Grenzflächenspannung$ [mN/m]

Sobald der Spreitkoeffizient größer gleich Null ist (positiv), sind die Oberflächenspannungswerte der Flüssigkeit, summiert mit der Grenzflächenspannung, kleiner als die Oberflächenspannungswerte des Feststoffs. Dies bedeutet, dass die Oberflächenspannung des Feststoffs die Flüssigkeit derart adsorbiert, dass kein Kontaktwinkel zwischen den beiden Stoffen messbar ist. Wird dieser Zustand erreicht, können die adhäsiven Haftkräfte an der vollständigen Feststoffoberfläche wirken.

2.6.2 Unterscheidung der Adhäsionsarten zwischen Verbundpartnern

Während Kohäsionskräfte innerhalb eines Materials vorliegen, treten Adhäsionskräfte stets in der Grenzfläche zwischen zwei Materialien auf [Pot04].

„Adhäsion ist der Zustand einer sich zwischen zwei in Kontakt tretenden kondensierten Phasen ausbildenden Grenzflächenschicht. Der Zustand zeichnet sich wesentlich durch den mechanischen Zusammenhalt der beteiligten Phasen aus, welcher durch molekulare Wechselwirkungen in der Grenzflächenschicht hervorgerufen wird." [Bis07] Das bedeutet, dass sich das Adhäsiv aufgrund interatomarer und intermolekularer Kräfte entlang der Grenzfläche festhaftend mit dem Substrat/Adhärens verbindet. Dies setzt jedoch eine gute Benetzung voraus. [Ble95, Nih96, Sch03]

[Bis07] unterteilt die Adhäsionskräfte in mechanische und spezifische Adhäsion, die sich ergänzen können. Die Kräfte aus Primär- und Sekundärbindungen werden der spezifischen Adhäsion zugeordnet und können in unterschiedliche Bindungstypen unterteilt werden, wobei die niedrig energetischen Oberflächen von Kunststoffen vorrangig Sekundärbindungen aufweisen (Tabelle 2.9). [Wel90, Pot04]

Tabelle 2.9: Bindungstypen und deren Bindungsenergiebereiche [Kin87, Ada97]

Bindungstypen	Bindungsenergie [kJ/mol]
Primärbindungen	60-1100
Sekundärbindungen:	
Wasserstoffbrückenbindung	10-25
Van der Waals Bindungen	0,08-40
Donator-Akzeptor-Bindungen	80-1000

Adhäsionskräfte über Primärbindungen konnten bislang in Polymer-Metall-Verbunden nachgewiesen werden [Bro69, Gro09]. Ein Nachweis bei Polymer-Polymer-Verbunden und Polymer-Keramik-Verbunden gelang bislang nicht [Bis83, Sti89, Wel90]. Die Adhäsionskräfte in der Grenzfläche niedrig energetischer Oberflächen werden deshalb in drei grundlegende Mechanismen unterteilt: die mechanische Adhäsion, die Diffusion und die Adsorptionstheorie durch die thermodynamische Betrachtung von Sekundärbindungen auf Grundlage der Ober- und Grenzflächentheorie. [Pot04, Hab09]

2.6.3 Diffusion

Diffusion liegt vor, wenn zwei Materialien sich derart durchdringen, dass statt einer definierten Grenzfläche ein Überlappungsbereich entsteht (Abbildung 2.33). In diesem Bereich liegt ein Gemisch aus beiden Verbundpartnern vor. Liegt Diffusion beispielsweise zwischen zwei Polymeren vor, tritt ein Verschlaufen von Molekülketten aufgrund der Brownschen Molekularbewegung ein. [Pot04]

„Wenn die Polymermoleküle oder einer ihrer Teile jedoch zu einer intensiven thermischen Bewegung fähig sind, kommt es auch durch Diffusion zu einem „Zusammennähen" beider Schichten" [Voj63]. Erstarren die Polymere in dieser Anordnung, können in diesem Überlappungsbereich höhere Beanspruchungen ertragen werden. Für das Zustandekommen einer Diffusion müssen demnach zwei grundsätzliche Bedingungen erfüllt werden: Die Polymere müssen ineinander löslich sein und die Makromoleküle oder einzelne Segmente der Makromoleküle müssen eine genügend hohe Beweglichkeit aufweisen. [Voj63, Lee67]

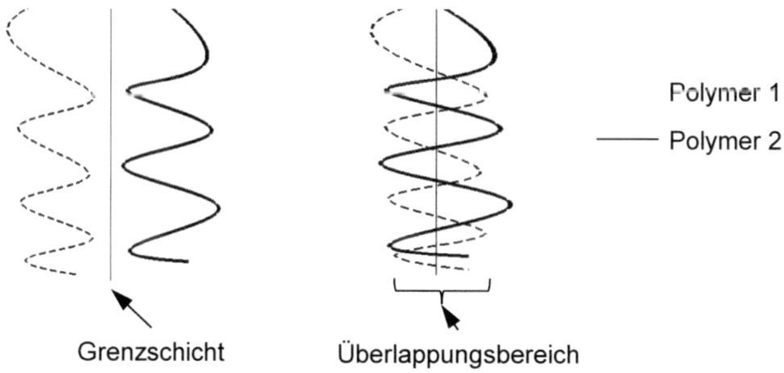

Abbildung 2.33: Schematische Darstellung einer Molekülkettenverschlaufung durch einen Grenzschichtverlust aufgrund von Diffusionseffekten

Für Diffusionseffekte zwischen Faser und Matrix müssten beide Materialien bei identischer Temperatur formbar und ineinander mischbar sein. Je nach verwendeter Verstärkungsfaser und verwendetem Kunststoff ist Diffusion als Anteil der Adhäsion zwischen Faser und Matrix möglich. Viel wahrscheinlicher ist jedoch ein mechanischer Adhäsionsanteil zwischen Faser und Matrix aufgrund von Faseroberflä chenrauheit.

2.6.4 Mechanische Adhäsion

Die mechanische Adhäsion wird auch Druckknopfhaftung genannt und zeichnet sich durch eine Verankerung eines flüssigen Fügepartners in den Festen aus. Nach der Aggregatzustandsänderung des vorher flüssigen Fügepartners zu einem Feststoff entstehen Hinterschneidungen an der Verbundgrenzfläche gemäß Abbildung 2.34 a).

a) b)

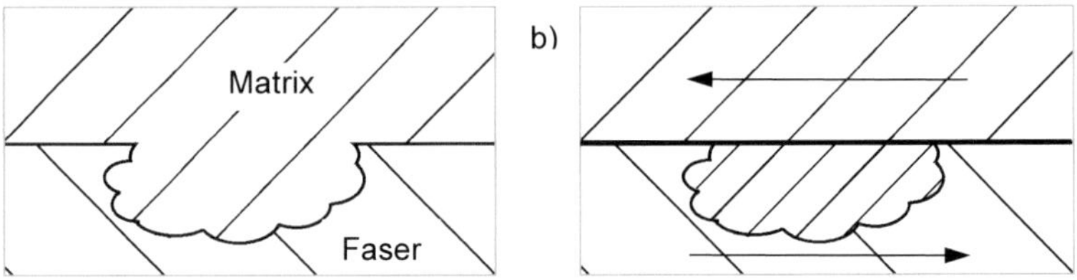

Abbildung 2.34: Schematische Darstellung mechanischer Verhakung: vor Beanspruchung (a), nach Überbeanspruchung (b)

Die beschriebenen Hinterschneidungen gehen über den Einfluss einer Oberflächenvergrößerung hinaus, da neben der stoffschlüssigen eine formschlüssige Haftkomponente hinzukommt.

Ein Trennen beider Materialien voneinander ist vorrangig möglich, wenn sich mindestens ein Verbundpartner ausreichend elastisch oder plastisch verformt. Alternativ kann ein Verbundpartner durch kohäsiven Bruch in der Art versagen, dass Hinterschneidungen durch neu geschaffene Grenzflächen nicht mehr bestehen (Abbildung 2.34b).

Es werden größere Entformungskräfte detektiert, als die spezifische Adhäsion für sich betrachtet bereitstellt. [Hal17] bestätigte diesen Zusammenhang, indem die entworfene Mikrostruktur in PMMA bei Beanspruchung einen höheren E-Modul erzielte, als die Simulation der Grenzflächeninteraktion vorhersagte.

Der Einfluss mechanischer Verhakung konnte von [Bas03] durch das Ätzen der Basaltfaseroberflächen aufgezeigt werden. Unter Einsatz von Säuren und Basen wurde, neben der Änderung der Oberflächenspannung, die Oberfläche der Faser zerrüttet. Bis zu 20 % der erzielten mechanischen Eigenschaftsverbesserungen wurden laut [Bas03] der zerrütteten Oberfläche zugeschrieben.

2.6.5 Adsorptionstheorie unter Verwendung der Grenzflächenspannung

Die zum Trennen eines Verbundes aufzuwendende Arbeit wird durch die folgende von Dupré entwickelte, thermodynamische Formel charakterisiert.

$$W_a = \gamma_1 + \gamma_2 - \gamma_{12} \qquad 2.15$$

W_a ist die reversible, spezifische Adhäsionsarbeit zwischen zwei Festkörpern, γ_1 und γ_2 sind die Oberflächenspannungen des Adhärens und des Adhäsives und γ_{12} die Grenzflächenspannung. Im Idealfall einer Kohäsionsarbeit W_c, sind $\gamma_1 = \gamma_2$ und folglich $\gamma_{12} = 0$. Es resultiert folgende Schreibweise: [Bri96, May06]

$$W_a = W_c = \gamma_1 + \gamma_2 \qquad 2.16$$

Die Gleichgewichtsbedingungen der Grenzflächenspannung werden bei niedrig energetischen Oberflächen (Kunststoffoberflächen) maßgeblich von der Adsorptionstheorie, also dem Verhältnis der Oberflächenspannungen der Kontaktpartner, dominiert. Die Oberflächenspannung ist eine physikalisch messbare Kraft in der Oberfläche einer Flüssigkeit, die aufgrund der Flüssigkeitsatome/-moleküle entsteht, indem die Atome ihre Nachbarn aus allen Richtungen anziehen [Doe94]. Die Moleküle an der Grenzschicht besitzen weniger nächste Nachbarn, mit denen Ladungsunterschiede zum Beispiel durch Wasserstoffbrückenbindung oder Dipol-Dipol-Bindungen ausgeglichen werden können (Abbildung 2.35).

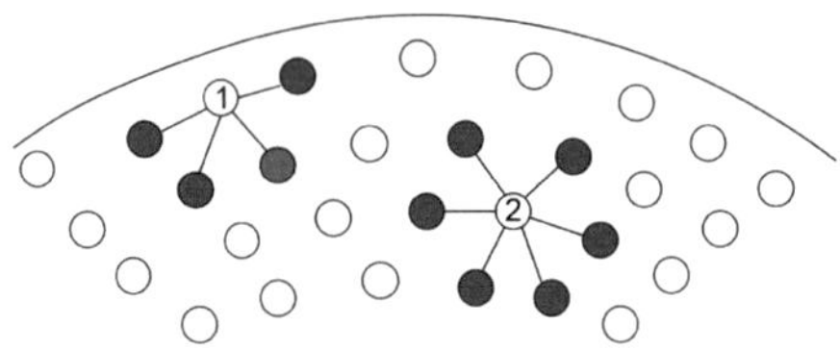

Abbildung 2.35: Flüssigkeitsmolekül an der Werkstoffgrenzfläche (1) und davon entfernt (2) [Pot04]

Die Oberflächenspannung ist eine Spannung, die an der Oberfläche des Festkörpers oder Fluides wirkt und bestrebt ist, die Oberfläche zu verkleinern. Dabei wird bei Feststoffen von Energien gesprochen und bei Flüssigkeiten und Gasen von Spannungen. [Doo18, Hab09, Hab17, Kli19]

Unter Zuhilfenahme der Youngschen Gleichung kann die Gleichgewichtsbedingung in einer Festkörper-Flüssigkeits-Grenzfläche dargestellt werden.

$$\gamma_1 - \gamma_{12} = \gamma_2 \cdot \cos\Theta \qquad 2.17$$

[You05]

$\gamma_1 - Oberflächenspannung\ des\ Feststoffs$ [mN/m]

$\gamma_{12} - Grenzflächenspannung$ [mN/m]

$\gamma_2 - Oberflächenspannung\ der\ Flüssigkeit$ [mN/m]

$\Theta - Kontaktwinkel$ [°]

Zur Messung werden häufig Methoden des liegenden Tropfens oder des hängenden Tropfens verwendet [Lah96, DIN20b]. Bei der Wilhelmy-Methode werden hingegen Feststoffe kontrolliert in Flüssigkeiten getaucht [Wil63]. Diese Methode wurde von [Neu70] modifiziert, sodass Kontaktwinkelmessungen an Einzelfasern durchgeführt werden können. Die Kontaktwinkel der Feststoffe können über die Kenntnis der Oberflächenspannungen der Flüssigkeiten mit Hilfe der OWRK-Methode berechnet werden [Owe69, Kae70, Rab71]. Hierfür werden die Flüssigkeiten einzeln auf den Feststoff gegeben. Der entstehende Kontaktwinkel wird gemessen (nach Abbildung 2.27) und mit den Oberflächenspannungen der Flüssigkeit verrechnet. Liegen mindestens zwei Kontaktwinkel unterschiedlicher Flüssigkeiten vor, kann eine Geradengleichung berechnet werden. Dessen Quadratwurzel der Steigung beschreibt den polaren Oberflächenspannungsanteil des Feststoffs. Die Quadratwurzel des Ordinatenschnittpunkts ist der disperse Oberflächenspannungsanteil des Feststoffs (nachzulesen in [DIN20b]).

Zur mathematischen Beschreibung der Grenzflächenspannung eines Materialverbundes liegen verschiedene Ansätze vor. Die Vierparametergleichung von [Owe69] unterteilt die Gesamtoberflächenspannungswerte in disperse und polare Oberflächenspannungsanteile. Letztere repräsentieren Wasserstoffbrücken-Bindungen, disperse Anteile repräsentieren Van-der-Waals-Bindungen, darunter Dipol-Bindungen. Die Trennung der Oberflächenspannung in die genannten Bestandteile steht im Einklang mit den Untersuchungen von [Zis63] für polare und [Fow64] für disperse Oberflächenanteile und wird wie folgt mathematisch ausgedrückt:

$$\gamma_{12} = \left(\sqrt{\gamma_1^d} - \sqrt{\gamma_2^d}\right)^2 + \left(\sqrt{\gamma_1^p} - \sqrt{\gamma_2^p}\right)^2 \qquad 2.18$$

[Owe69]

$\gamma_1 - Oberflächenspannung\ des\ Feststoffs$ [mN/m]

$\gamma_{12} - Grenzflächenspannung$ [mN/m]

$\gamma_2 - Oberflächenspannung\ der\ Flüssigkeit$ [mN/m]

$\gamma^d - disperser\ Anteil$ [mN/m]

$\gamma^p - polarer\ Anteil$ [mN/m]

Mit diesem Ansatz können bereits Kurzzeitfestigkeiten zwischen Lacken und Kunststoffen [Pot04] sowie die resultierende Haftfestigkeit zwischen Fügepartnern erklärt werden [Pot78, Kru79, Kru80]. Festzuhalten ist, dass die Haftfestigkeit steigt, sobald sich die Oberflächenspannungswerte der Verbundkomponenten angleichen [Bri96, May06]. Im Fall einer idealisierten Haftung in der Grenzfläche, also kohäsiver Adhäsion, sind sowohl die Verhältnisse der dispersen als auch der polaren Anteile gleich groß. Dies bedeutet auch, dass keine Grenzflächenspannung vorliegt.

Der beschriebene Zusammenhang ermöglicht es, die Haftfestigkeiten zwischen zwei Materialien anhand der Oberflächenspannungsanteile zu beschreiben. Ob dieser Zusammenhang auf Faser-Matrix-Verbunde übertragbar ist und ob der E-Modul des Verbundes durch Oberflächenspannungsanteile beeinflusst werden kann, ist bislang nicht ausreichend untersucht.

2.7 Zusammenfassung des Standes der Technik

Aus dem Stand der Technik lässt sich die folgende Zusammenfassung bilden:

- Es fehlt eine hinreichend genaue Vorschrift zur Ermittlung der Winkelabweichung einzelner Fasern zur Bildung des Krenchelfaktors in Kurzfaserverbunden.
- Eine Kristallisationsgradänderung im Thermoplast beeinflusst dessen Elastizitätsmodul.
- Das Vorhandensein von Verstärkungsfasern im Thermoplast beeinflusst, unter technisch relevanten Kühlraten, nicht dessen Kristallisationsgrad.
- Es ist nicht ausreichend geklärt, ob füllstoffinduzierte Sphärolith-Durchmesseränderungen in Kurzfaserverbunden einen signifikanten Einfluss auf den Elastizitätsmodul des Verbundes ausüben können.
- Alle vorgestellten Berechnungsmodelle ignorieren die Einflüsse einer füllstoffinduzierten Kristallisationsgrad- oder Sphärolith-Durchmesseränderung, da in den Modellen stets die Elastizitätsmoduln der Einzelkomponenten herangezogen werden.
- Das Wissen über die Nachgiebigkeit kurzfaserverstärkter Thermoplaste im Bereich der Hookschen Geraden ist lückenhaft.
- Die Literaturrecherche ergab, dass das Cox-Krenchel-Modell das bislang zuverlässigste Modell zur Berechnung des E-Moduls des Verbundes für kurzfaserverstärkte Thermoplaste ist. Es berücksichtigt die Einflussgrößen Faservolumengehalt, Faserlänge, Fa-

serorientierung, basiert auf physikalisch hergeleiteten Zusammenhängen und vernachlässigt Haftungsdefizite an der Faser-Matrix-Grenzfläche.

- Die Elastizitätsmodulberechnungsmodelle gehen stets von einer maximalen (kohäsiven) Haftung zwischen den Verbundpartnern aus. Dies kann die Ursache der teilweise dramatischen Überschätzung des berechneten E-Moduls des Verbundes von über 50 % sein und deckt sich mit den Beobachtungen der drastischen Verbesserung des gemessenen E-Moduls des Verbundes durch Zugabe von niedermoduligen haftvermittelnden Additiven (z. B. MAH).
- Die vorherrschende Versagensart kurzfaserverstärkter Kunststoffe in den untersuchten wissenschaftlichen Studien entspricht einem Adhäsionsbruch an der Faser-Matrix-Grenzfläche. Dies steht im Widerspruch zu der in den Modellen getroffenen Annahme.

Aus der Recherche folgt die Erkenntnis, dass die modellbasierten Abweichungen vorrangig auf Sphärolith-Durchmesseränderungen im Thermoplast und auf verminderte Haftung zwischen Faser und Matrix zurückzuführt werden können.

3 Zielsetzung und Aufbau der Arbeit

Kurzfaserverstärkte Kunststoffe sind prädestiniert für den Einsatz in Großserienprodukten für den Mobilitätssektor und Dinge des täglichen Lebens, die die Leichtbaueigenschaften ausschöpfen. Durch Berücksichtigung des Faservolumengehaltes, der Faserlänge, der Faserorientierung und des Effektes der Scherverzerrung konnten einige physikalische Erklärungen für die Eigenschaften des Verbundes aus Kurzfaser und Matrix hergeleitet werden [Voi89, Cox52, Kre64]. Die getroffene Materialwahl hat jedoch Auswirkungen auf die Treffsicherheit der damit ermittelten Berechnungsergebnisse des Elastizitätsmoduls des Verbundes. Materialkombinationen mit unpolaren Matrices, wie Polypropylen, scheinen dabei besonders an Treffsicherheit in der Berechnung des Elastizitätsmoduls des Verbundes zu verlieren. Die in der Literatur vorrangige Verwendung von Naturfasern mit Polypropylen vermischt Einflüsse einer natürlichen und damit gleichbedeutend schwankenden Fasergeometrie mit verminderter Haftung in der Grenzfläche zwischen Faser und Matrix [Oev00, Laf13, Yag17]. Für die geplante Untersuchung des Einflusses der Haftung in der Faser-Matrix-Grenzfläche auf den Elastizitätsmodul des Verbundes würden derartige Schwankungen die Unsicherheit des zu ermittelnden Zusammenhangs erhöhen. Die Materialwahl für die Fasern in dieser Arbeit beschränkt sich auf industriell gefertigte Fasern.

Der industrielle Einsatz kurzfaserverstärkter Thermoplaste setzt fundierte Kenntnisse über die Faser-Matrix-Grenzfläche in Abhängigkeit der kombinierten Werkstoffe des Verbundes voraus. Der Kristallisationseffekt der Faserverstärkung, die Geometrie der Faseroberfläche, die Benetzungssituation entlang der Grenzfläche, die Einflüsse der Haftung und der daraus resultierende Elastizitätsmodul des Verbundes sind bislang allerdings nicht systematisch analysiert und hinreichend auf physikalische Zusammenhänge zurückgeführt.

Diese Arbeit zielt auf die Erforschung des Einflusses der adhäsiven Haftung in der Faser-Matrix-Grenzfläche auf den Elastizitätsmodul des Verbundes. Das primäre Ziel ist dabei die mathematische und physikalisch basierte Beschreibung des Zusammenhangs zwischen beiden Größen. Der Fokus in der Durchführung liegt dabei auf der Variation der physikalischen Haftungskomponente, die anhand der Oberflächenspannung der Fügepartner beschrieben werden kann. Zeitgleich müssen Haftungseinflüsse aufgrund der Materialwahl und deren -kombination analysiert sowie in der Betrachtung berücksichtigt werden. Konkret sind Einflüsse der Faserverstärkung auf den Kristallisationsgrad des verwendeten Thermoplasts zu analysieren. Zusätzlich müssen Faseroberflächen betrachtet werden, um deren Beschaffenheit auf Einflüsse mechanischer Verhakung zurückzuführen. Vorherrschende Aggregatszustände während der Verarbeitung geben Aufschluss auf ein Wirken von Diffusionsmechanismen. Aus den Vorbetrachtungen ist ein physikalisch basiertes Modell zu entwickeln, welches die Grenzflächenhaftung zwischen Faser und Matrix berücksichtigt.

Aus diesen Gründen liegt der Schwerpunkt der Arbeit auf einem verbesserten Berechnungsansatz, der insbesondere die Grenzfläche zwischen Faser und Matrix des Verbundwerkstoffs berücksichtigt. Dies ermöglicht zuverlässige Berechnungen in der Konzeptphase und gibt das Potential frei risikoarm die Anzahl an Versuchsdurchführungen zu minimieren.

Anhand gewählter Materialkombinationen sind die Abweichungen des etablierten Modells zu prüfen und im Anschluss das neu entwickelte Modell auf eine dieser Materialkombinationen anzuwenden. Dabei steht die Ermittlung eines werkstoffunabhängigen Korrelationsfaktors im Vordergrund. Dieser Faktor soll den Grundstein legen für werkstoffübergreifende Analysen unter Berücksichtigung der Grenzflächeneffekte zwischen Faser und Matrix. Das erweiterte Modell wird auf die verbleibenden Werkstoffkombinationen angewendet und den Elastizitätsmodulmesswerten gegenübergestellt. Abschließend sind Aussagekraft und Anwendbarkeit des neuen Ansatzes zu prüfen und zu diskutieren.

4 Betrachtung und Ableitung neuer Berechnungsansätze

4.1 Vorbetrachtung des notwendigen Sphärolith-Durchmessereinflusses auf den Elastizitäts modul der Matrix zur signifikanten Elastizitätsmodulbeeinflussung des Verbundes

In Abschnitt 2.5.1 konnte einerseits aufgezeigt werden, dass der Kristallisationsgrad faserverstärkter im Bezug zum faserfreien Kunststoffen nicht zwangsweise steigt. Andererseits konnte der Einfluss von Kristallstrukturänderungen auf den E-Modul des Verbundes nicht vollständig ausgeschlossen werden. Eine Tendenz zur E-Modulminderung der verkleinerten und orthogonal zur Faserrichtung ausgerichteten Sphärolithe ist nicht auszuschließen. Ist dies die Ursache der E-Modulabweichungen, dann muss sich folglich der Matrixmodul E_m reduzieren. Zur Verdeutlichung wurde eine Beispielrechnung mit fiktiven Werten durchgeführt und für die Berechnung eines glasfasergefüllten Polypropylens das Cox-Krenchel-Modell (Abschnitt 2.4.1.3) herangezogen.

Unter der Annahme eines Matrixmoduls von 1,1 GPa, einer Matrix-Poissonzahl von 0,44, eines Fasermoduls von 72 GPa, einer mittleren Faserlänge von 600 µm, einem Faserdurchmesser von 13 µm, einem Faservolumengehalt von 20 %, einer quasiisotropen Faserorientierung (η_0 = 0,375) und einem mittleren Abstand der Fasern von 28 µm lässt sich der E-Modul des Verbundes nach Cox-Krenchel berechnen. Der E-Modul des Verbundes beträgt rechnerisch 4.915 MPa. Unter der

Annahme, dass eine vergleichbare Abweichung zum Messwert von 30 % vorliegt, ist der tatsächlich gemessene E-Modul des Verbundes 3.440 MPa. Wenn die Änderung allein durch den Sphärolithdurchmesser hervorgerufen wird, kann sich im Cox-Krenchel-Modell nur der Elastizitätsmodul der Matrix ändern und müsste statt 1.100 MPa einen Wert von 385 MPa annehmen. Dieser geringe Elastizitätsmodul der Matrix entspricht einem typischen Deformationsverhalten von Elastomeren und müsste zumindest phänomenologisch in der Literatur dokumentiert worden sein. Ein derartiges Verhalten wird jedoch im Stand der Technik nicht beschrieben. Diese Elastizitätsmodulreduktion der Matrix um 65 % ist, bei identischem Kristallisationsgrad der Matrix, nicht plausibel.

Auch wenn eine Einflussnahme auf den E-Modul des Verbundes durch Sphärolithdurchmesser nicht vollständig ausgeschlossen werden kann, zeigt das Rechenbeispiel, dass die Sphärolithgrößenänderung nicht ausreichend signifikant sein kann. Die Ursache der Elastizitätsmodul-Berechnungsabweichungen um 30 % liegt nicht in der Bildung einer transkristallinen Phase, bei unverändertem Kristallisationsgrad. Ob die Verbundwerkstoffkombination einen unveränderten Kristallisationsgrad vorweisen kann, wird nach der Festlegung auf zielführende Werkstoffkombinationen untersucht.

4.2 Vorbetrachtungen zum Einfluss der Diffusion

Der Haftungsmechanismus Diffusion ist in Abschnitt 2.6.3 definiert. Eine grundlegende Bedingung ist, dass die Verbundwerkstoffe ineinander löslich sind. Dies setzt einen flüssigen oder stark plastischen

Aggregatszustand beider Komponenten voraus. Die Diffusion kann demnach nur bei geschmolzenen Fasern entstehen, wenn die Matrix ebenfalls schmelzeförmig vorliegt. Werden mögliche Kombinationen an Verstärkungsfasern und Matrices betrachtet, fällt schnell auf, dass die Verstärkungsfasern zumeist einen deutlich höheren Schmelzpunkt aufweisen, als die Polymere. Beispielsweise verflüssigen sich Glasfasern bei ca. 1.120 °C und Basaltfasern bei 1.450 °C [Kur03]. Bei diesen Temperaturen haben Standardkunststoffe und technische Kunststoffe ihre Zersetzungstemperatur bereits überschritten (vgl. Abbildung 4.1).

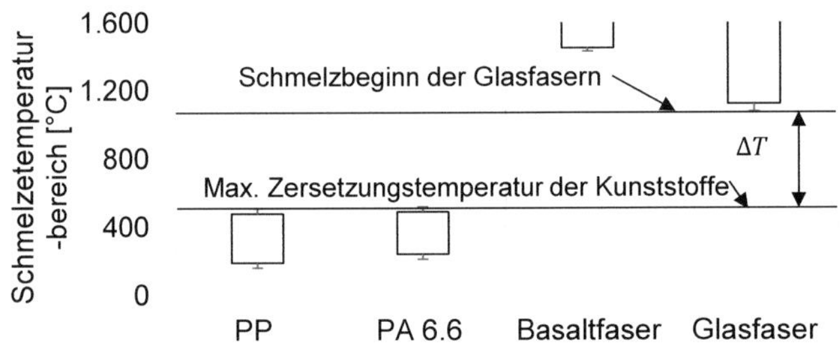

Abbildung 4.1: Übersicht der Schmelztemperaturbereiche ausgewählter Werkstoffe, kein Überlappungsbereich der Schmelzen von Fasern und Matrices (ΔT)

Kein Schmelzebereich des jeweiligen Kunststoffs überschneidet sich mit den Schmelzebereichen der mineralischen Fasern. Wird die Schmelztemperatur von Glas erreicht, sind sowohl PP als auch PA 6.6 bereits im Rahmen einer Zersetzungsreaktion in die Gasphase übergegangen. Folglich liegt zu keiner gleichen Temperatur ein Gemisch aus Faser- und Kunststoffschmelze vor.

Der Einsatz von Polymerfasern, wie Polyamid-, Polyethylen- oder Polyesterfasern, ermöglichen eine theoretische Überlappung der Schmelzbereiche während der Compoundierung. Praktisch geht ein Schmelzen der Faser einher mit dem Verlust der verstärkenden Wirkung, da erzwungene Molekülorientierungen und Kristallisationseffekte aufgelöst werden. Schlussendlich kann eine Diffusion zwischen einer Verstärkungsfaser und einem teilkristallinen Thermoplast nicht vorliegen, da die Diffusion entweder nicht stattfindet oder die Faser den Verstärkungseffekt nach Aussage von [Liu08] verliert.

Der Ausschluss der Diffusion aus der Betrachtung der haftbeeinflussenden Mechanismen in der Grenzschicht reduziert folglich die Materialauswahl, wenn sichergestellt wird, dass im Anschluss der Herstellung ein Verbundmaterial mit Verstärkungsfasern vorliegt. Für die weiteren Untersuchungen kommen mineralische Fasern und Kohlenstoff- und Naturfasern in Betracht.

4.3 Vorbetrachtungen zum Einfluss mechanischer Verhakungen

Mit dem Ziel, die Haftung zwischen Faser und Matrix auf Basis der Grenzflächenhaftung zu beschreiben, ist es sinnvoll, die verbleibende Haftkomponente – mechanische Verhakung –durch eine geeignete Werkstoffwahl ausschließen zu können. Als Grundlage mechanischer Verhakungen muss Oberflächenzerrüttung vorliegen. In diese Unebenheiten kann die Schmelze eindringen und eine formschlüssige Verbindung mit der Faser eingehen. Da dies verhindert werden soll, muss die Oberfläche im Idealfall frei von Oberflächenzerrüttung sein.

Gesucht werden demnach Fasern mit mikroskopisch glatten Oberflächen, die die Eigenschaften bei Matrixschmelztemperatur nicht verlieren (Abschnitt 4.2). Hierfür eignen sich zum Beispiel Fasern, die in einem Spinnprozess entstehen und nicht über einen Karbonisier- und Graphitisierprozess veredelt werden.

4.4 Zusammenhang zwischen Adhäsion und E-Modulberechnung

Die Krafteinleitung in kurzfaserverstärkte Thermoplaste erfolgt stets zuerst in den Thermoplast. Die Faserverstärkung trägt zur Maximierung des Elastizitätsmoduls des Verbundes in Form einer Minderung der Dehnung des Verbundes bei. Verminderte Grenzflächenhaftungen zwischen den Verbundpartnern führen bei gleicher Zugspannung zu einer minderen Beanspruchung der Fasern und somit unweigerlich zur stärkeren Dehnbeanspruchung der Matrix. Die hohe Dehnung verhält sich im elastischen Bereich reziprok zum E-Modul des Verbundes und folgt so der Gesetzmäßigkeit nach Hooke [Hoo78].

Grenzwertbetrachtungen sollen folgend zum Verständnis beitragen. Ist die Grenzflächenadhäsion gleich null, überträgt die Matrix die Kräfte nicht auf die Fasern. Die Fasern bringen keinen Anteil zum Elastizitätsmodul des Verbundes ein und ähneln im Verhalten Vakuolen oder Lufteinschlüssen (Abbildung 4.2a). Diese Grenzwertbetrachtung schließt auch das Fehlen einer Benetzung zwischen Faser und Matrix ein. Im beschriebenen Grenzfall reduzieren die Fasern den wirksamen Querschnitt des Formteils, der zur Kraftübertragung zur Verfügung steht. Fehlt die Grenzflächenhaftung ganzheitlich zwischen Faser und

Matrix, ist der E-Modul des Verbundes scheinbar geringer als der Elastizitätsmodul des Thermoplasts gleicher äußerer Abmessungen, da die Hohlräume der Fasern die Querschnittsfläche verringern (Abbildung 4.2b).

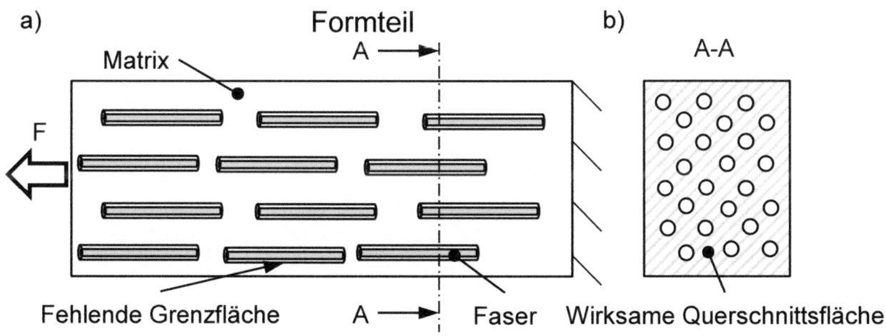

Abbildung 4.2: Überzeichnete Darstellung der fehlenden Haftung (a), vereinfachte Darstellung der Querschnittsminderung durch eine fehlende Grenzflächenhaftung zwischen Faser und Matrix (b)

Wird die wirksame Querschnittsfläche verwendet, sind die Elastizitätsmoduln der Matrix und des Verbundes identisch. Ein Beispiel für eine Verstärkungsfaser-Matrix-Kombination ohne Grenzflächenadhäsion ist nicht bekannt, da jeder Werkstoff Atome besitzt und demnach mindestens geringe, disperse Oberflächenspannungsanteile aufweist. Dies erklärt auch, warum bei den bekannten faserverstärkten Kunststoffen für den E-Modul des Verbundes kein kritischer Faservolumengehalt beobachtet werden konnte (Abschnitt 2.3.4.1). Der umgekehrte Grenzfall, eine ideale Haftung, beschreibt kohäsive Haftungskräfte zwischen zwei Werkstoffen. Auch dieser Grenzfall wurde praktisch nie nachgewiesen. Grund für das Fehlen des Nachweises könnte ein Widerspruch in der Vereinbarkeit der zwei notwendigen Bedingungen sein. Einerseits muss die Grenzflächenstruktur derart gleich sein, dass keine Grenzflächenspannung existiert, andererseits müssen sich die Elastizitätsmoduln der zu kombinierenden Werkstoffe ausreichend voneinander unterscheiden. Laut dieser Grenzfälle und den getroffenen Annahmen müssen in der Grenzfläche eines faserverstärkten Thermoplasts während der Spannungsübertragung zwischen Faser und Matrix Reibungsverluste auftreten, die sich auf den E-Modul des Verbundes auswirken. Um die einhergehenden Verluste in der Konstruktion berücksichtigen zu können, ist es wichtig, dass der Einfluss auf den E-Modul vorausberechnet werden kann. Ist dies möglich, kann anschließend die Wirksamkeit möglicher Maßnahmen zur Steigerung des E-Moduls des Verbundes vorausberechnet werden. Das Gegenüberstellen der möglichen Maßnahmen in Kombination mit der Wirkung auf den E-Modul ermöglicht so zielgerichtete Entscheidungen. Für eine präzise Berechnung ist die Erkenntnis über die Notwendigkeit einer Berücksichtigung der Grenzflächenhaftung in ein neuartiges Modell zu überführen und dessen Einfluss auf die Berechnungsergebnisse der Elastizitätsmoduln der Verbunde zu prüfen.

4.5 Randbedingungen für die Benetzbarkeit der Werkstoffkombination

Die vollständige Benetzung einer Flüssigkeit auf einer Feststoffoberfläche kann über den Spreitkoeffizient S bestimmt werden (siehe Abschnitt 2.6.1). Spreitet die Schmelze auf der Faser, ist sichergestellt, dass die vollständige Kontaktfläche zwischen Faser und Matrix zur Kraftübertragung genutzt werden kann. Dieser Zustand ist stets anzustreben. Zur Verdeutlichung des Effektes wurden fiktive Oberflächenspannungswerte von $\gamma_2^d = \gamma_1^p = \gamma_2^p = 50$ mN/m angenommen. Der disperse Oberflächenspannungsanteil des Feststoffs wurde von 0 mN/m bis 100 mN/m variiert. Die resultierende Grenzflächenspannung wurde über die Formel 2.18 ermittelt. Das Resultat der Untersuchung ist in Abbildung 4.3 dargestellt.

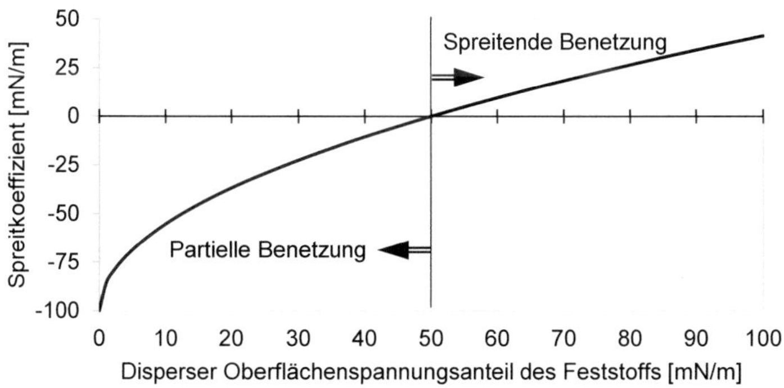

Abbildung 4.3: Einfluss der Oberflächenspannungsverhältnisse auf den Spreitkoeffizient und auf eine spreitende Benetzung

Sobald die Oberflächenspannung des Feststoffs die der Flüssigkeit erreicht ($\gamma_2^d = 50$ mN/m) oder übersteigt, adsorbiert der Feststoff die Flüssigkeit derart, dass kein Kontaktwinkel an der Grenzfläche messbar ist. Eine vollständige Benetzung liegt vor.

Die Überprüfung einer spreitenden Matrix auf der Faser wird üblicherweise durchgeführt, wenn der Thermoplast schmelzeförmig vorliegt. Diese Untersuchungen sind technisch möglich, jedoch im Gegenzug zu Messungen bei Raumtemperatur mit erhöhtem Aufwand verbunden. Eine generelle Vernachlässigung des Temperaturunterschieds von mindestens 100 °C auf den Kontaktwinkel (Kontaktwinkelmessung bei Raumtemperatur zur Schmelzetemperatur von Thermoplasten), ist aufgrund der Eötvösschen Regel fehlerbehaftet. Dieser Temperatureinfluss der Eötvösschen Regel ist laut [Eoe86, Roe67, Esc86, Dem94, Wou03, Jia18] auf die Flüssigkeit gleich oder stärker als auf den Feststoff. Dies führt folglich zu einer Konstanz oder Erhöhung des Spreitkoeffizient bei Temperaturen oberhalb der Messtemperatur des Kontaktwinkels und gleichermaßen bei der Berechnung der Oberflächenspannung. Das heißt, wenn der Oberflächenspannungswert des festen Thermoplasts bei Raumtemperatur zu einem theoretischen Spreiten auf der Faseroberfläche führen würde, dann spreitet der Thermoplast auch auf der Faser, wenn er als Schmelze vorliegt. Laut [Roe67] wird dieser Effekt durch den Aufschmelzprozess des Thermoplasts nicht signifikant beeinflusst (vgl. Abschnitt 2.6.1 Abbildung 2.31b)). Werden die Messergebnisse von [Roe67] mit den Oberflächenspannungswerten bei Raumtemperatur von [Owe70] kombiniert, wird deutlich, dass insbesondere bei PP bei 20 °C eine höhere Oberflächenspannung vorliegt als bei der Regression von [Roe67] aus dem Schmelztemperaturbereich (Abbildung 4.4). Die Oberflächenspannung kann folglich durch den Phasenübergang, Feststoff zur Schmelze, stärker absinken als die Eötvössche Regel vorhersagt, was für die getroffene Annahme stets vorteilhaft ist.

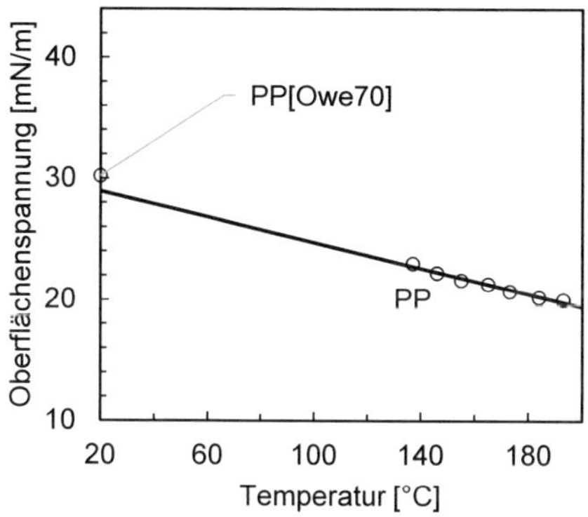

Abbildung 4.4: Abweichung der gemessenen Oberflächenspannung von PP aus [Owe70] bei 20 °C gegenüber der Regression von [Roe67]

Kann ein Oberflächenspannungsverhältnis bei 23 °C ermittelt werden, das theoretisch zu einem Spreiten des Thermoplasts auf der Faser führt, dann spreitet der Thermoplast, wenn er bei Schmelztemperatur die Faser benetzt.

Zusammenfassend betrachtet: Ist die Grenzflächenspannung gleich null, muss der Kontaktwinkel auch gleich null sein. Dies hat zur Folge, dass die Oberflächenspannungsverhältnisse von Feststoff und Matrix identisch sein müssen. Physikalisch bedeutet dies, dass die fehlende Grenzflächenspannung eine Oberflächenvergrößerung erleichtert, da in diesem Fall kaum Energie notwendig ist, diese Oberflächenvergrößerung zu ermöglichen.

Das Spreiten der Schmelze auf der Faser wird für den neuartigen Modellansatz vorausgesetzt und kann wie beschrieben über die Oberflächenspannungsverhältnisse der Verbundmaterialien bei Raumtemperatur hinreichend genau ermittelt werden.

4.6 Verknüpfung der Benetzung mit der physikalischen Adhäsion

Eine kohäsive Kraftübertragung an der Kontaktfläche zwischen Faser und niedrig energetischen Oberflächen (Kunststoffoberflächen) entsteht nur dann, wenn die Grenzflächenspannung zwischen den beiden Materialien gleich null ist [Pot04]. Das heißt, die Grenzflächenspannung muss im Bereich der Beanspruchungstemperatur gleich null sein. Die Beanspruchungstemperatur von Zugprüfkörpern im Zugversuch beträgt laut Norm [DIN12a] (23 ± 2) °C. Aufgrund der bereits erwähnten Eötvösschen-Regel und den Schlussfolgerungen aus dem vorherigen Abschnitt nimmt die Oberflächenspannung von Flüssigkeiten meist stärker ab als die des Feststoffs. Liegt eine kohäsive Adhäsion bei 23 °C vor, spreitet der Thermoplast auf der Faser, beim Überschreiten seiner Schmelztemperatur. Zum einen ist dann die Bedingung der vollständigen Grenzflächennutzung noch erfüllt, zum anderen können die Kräfte von der Matrix auf die Faser verlustfrei übertragen werden. Ist die Grenzflächenspannung nicht gleich null, besteht die Annahme, dass die Kraftübertragung zwischen Faser und Matrix verlustbehaftet ist und der Elastizitätsmodul des Verbundes abnimmt. Die Überlagerung der Effekte der Grenzflächenspannung und des Spreitens lässt den Untersuchungsraum in zwei Bereiche einteilen: ein Bereich, indem die Benetzungssituation und damit die benetzte Fläche undefiniert ist ($S<0$) und ein, in dem ein Spreiten vorliegt und damit die benetzte Fläche der zur Verfügung stehenden Fläche entspricht. Der geschilderte Zusammenhang wird am Beispiel aus Abschnitt 4.5 verdeutlicht, in dem die Grenzflächenspannung berechnet und in Zusammenhang mit dem Spreitkoeffizient gebracht wird (Abbildung 4.5).

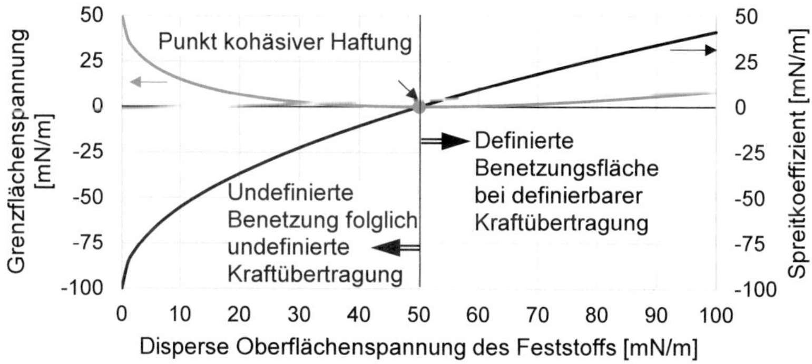

Abbildung 4.5: Kombination der Grenzflächenspannungs- und Spreiteffekte zur Definition eines stabilen Wertebereichs für die geplante Modellbildung

Der Wertebereich von 0 bis 50 mN/m des dispersen Oberflächenspannungsbereichs weist eine nicht definierbare Benetzungsfläche an der Faser auf. Die Güte der Kraftübertragung von Thermoplast zur Faser ist zwar berechenbar, jedoch kann nicht beschrieben werden, über welche Grenzfläche die verlustbehaftete Kraftübertragung erfolgt, ganz im Gegenteil zum Wertebereich zwischen 50 mN/m und 100 mN/m. Hier kann stets die maximal angebotene Grenzfläche zwischen Faser und Matrix als Kraftübertragungsfläche genutzt und für die Berechnung des resultierenden Elastizitätsmoduls des Verbundes angenommen werden.

Der Zusammenhang zwischen der Grenzflächenspannung und dem Elastizitätsmodul des Verbundes fehlt jedoch und wird folgend hergeleitet.

4.7 Aufstellen des neuartigen Modells

Ist die Grenzflächenspannung $\gamma_{12} = 0$, dann existiert in der Grenzfläche zwischen Faser und Matrix kein Sprung in der Scherkraftübertragung (Abbildung 4.6 a)). Ist die Bedingung nicht erfüllt, wird die Matrix bei einer konstanten Deformation stärker beansprucht, da die Kräfte nicht verlustfrei in die Faser übertragen werden können (Abbildung 4.6 b)).

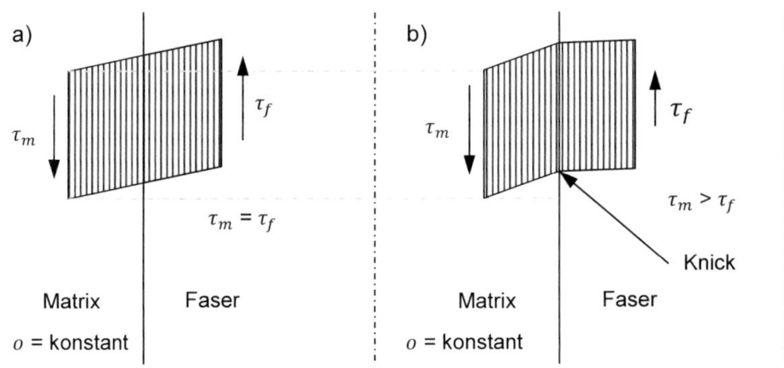

Abbildung 4.6: Einfluss der physikalischen Adhäsion in der Grenzschicht ohne Shear-Lag-Anteil $\gamma_{12} = 0$ (a), $\gamma_{12} \neq 0$ (b)

Mit der Annahme, dass die normierte Abnahme der Haftschubfestigkeit proportional der normierten Zunahme der Grenzflächenspannung ist,

$$-\frac{\Delta\tau}{\tau} \sim \frac{\gamma_{12}}{\gamma_2} \qquad 4.1$$

$$\tau - Haftschubfestigkeit$$ [MPa]

$$\Delta\tau - Betrag\ verminderter\ Haftschubfestigkeit$$ [MPa]

$$\gamma_2 - Oberflächenspannung\ des\ Kunststoffs$$ [mN/m]

$$\gamma_{12} - Grenzflächenspannung$$ [mN/m]

kann die folgende Differentialgleichung gebildet werden.

$$\frac{d\tau}{\tau} = -\frac{\omega}{\gamma_2} d\gamma_{12} \qquad 4.2$$

$$\omega - Proportionalitätskonstante$$

Die Lösung der Differentialgleichung führt zu der Formel:

$$\tau = \tau_0 \cdot e^{\left(-\frac{\omega}{\gamma_2}\gamma_{12}\right)} \qquad 4.3$$

$$\tau_0 - kohäsive\ Grenzflächenhaftschubfestigkeit$$ [MPa]

Die Hookschen Gesetzanalogie für Schubbeanspruchungen

$$\tau = G \cdot \tan o \qquad 4.4$$

$$\tau - Schubspannung$$ [MPa]

$$G - Schubmodul$$ [MPa]

$$o - Schubdehnung$$ [°]

und die wechselseitige Beziehung zwischen Schub- und Elastizitätsmodul isotroper Matrixmaterialien werden

$$G = \frac{E}{2(1+\nu)} \qquad 4.5$$

$$E - Elastizitätsmodul$$ [MPa]

$$G - Schubmodul \text{ [MPa]}$$

$$\nu - Poissonzahl$$

mit der Annahme kombiniert, dass die Dehnung und die Poissonzahl zum Zeitpunkt der vorhandenen Haftschubfestigkeiten gleich sind:

$$o = konst. \qquad 4.6$$

$$\nu = konst.$$

Es ergibt sich folgender Zusammenhang, wenn die Formeln (4.7 bis 4.9) kombiniert werden:

$$E = E_0 \cdot e^{\left(-\frac{\omega}{\gamma_2}\gamma_{12}\right)} \qquad 4.7$$

$$E_0 - idealer\ Elastizitätsmodul \text{ [MPa]}$$

Das Verhältnis zwischen idealem und tatsächlichem E-Modul, also die resultierende Abweichung aufgrund unterschiedlicher Oberflächenspannungen zwischen Faser und Matrix, wird als η_{phy} bezeichnet.

$$\eta_{phy} = \frac{E}{E_0} = e^{\left(-\frac{\omega}{\gamma_2}\gamma_{12}\right)} \qquad 4.8$$

$$\eta_{phy} - Effizienzfaktor\ physikalischer\ Adhäsion$$

Die Formel 4.8 beschreibt die Reduktion des Elastizitätsmoduls des Verbundes aufgrund der Adhäsionskräfte aus den Oberflächenspannungsverhältnissen zwischen Faser und Thermoplast. Bezogen auf den resultierenden E-Modul des Verbundes wird das Potential des Elastizitätsmoduls der Faser nicht ausgeschöpft, wenn verringerte Haftbedingungen, aufgrund unterschiedlicher Oberflächenspannungen zwischen Kunststoff und Faser, vorliegen. Dies führt zu einer erhöhten Beanspruchung der Matrix, die in der Regel einen niedrigeren Elastizitätsmodul aufweist als die Faser. Unter Berücksichtigung dieses Sachverhaltes muss der E-Modul-bestimmende Anteil der Faser am E-Modul des Verbundes auch im mathematischen Modell gemäß der Formel 4.8 variieren.

Der neu gebildete Ansatz zur Berücksichtigung der Adhäsion zwischen Faser und Matrix kann mit dem Berechnungsmodell von Voigt und mit den Erweiterungen von Cox und Krenchel kombiniert werden. Es ergibt sich die folgende Berechnungsvorschrift:

$$E_V = E_m \cdot (1 - \varphi_f) + E_f \cdot \varphi_f \cdot \eta_1 \cdot \eta_0 \cdot \eta_{phy} \tag{4.9}$$

Dieses modifizierte Modell soll eine Antwort auf die Abweichungen des bisherigen Berechnungsmodells liefern. Hierfür muss jedoch über eine geeignete Berechnungsvorschrift das η_{Ghaft} bestimmt werden, mit dem Ziel, ein global verwendbares Modell definiert zu haben. Kombinationen aus Verstärkungsfasern und Kunststoffmatrices dienen in den Folgekapiteln zur Justierung und Validierung dieses neuen Ansatzes.

5 Experimentelle Vorgehensweise

Das neuartige Modell aus Abschnitt 4.7 soll den Einfluss der physikalischen Adhäsion auf den Elastizitätsmodul des Verbundes aufzeigen. Diese Validierung bedingt umfassende Versuchsdurchführungen und Messungen. Dabei sind neben bekannten Variablen aus dem Cox-Krenchel-Modell auch Elastizitätsmodulbeeinflussungen durch bislang unberücksichtigte Einflussgrößen zu analysieren. Dafür einzusetzende Materialien und Messstrategien sind zu definieren. Die hierfür verwendeten Maschinen, deren Prozesse und Messverfahren werden in diesem Kapitel beschrieben. Die Messdaten werden stets in Excel überführt und die Ergebnisgrößen anhand der folgenden Modelle und Zusammenhänge in Excel berechnet.

5.1 Auswahl der Matrices, Additiven und Fasern

Die in Kapitel 4 vorgestellte Modellerweiterung berücksichtigt die Adhäsion zwischen Faser und Matrixmaterial bei der Berechnung von Elastizitätsmoduln der Verbunde. Zur Verifikation des Modells werden verschiedene Verstärkungsfasern und Kunststoffmatrices kombiniert. Die Materialien unterscheiden sich vor allem in den jeweiligen Oberflächen- und mechanischen Eigenschaften. Gesucht sind Fasern mit mikroskopisch glatter Oberfläche, um die Effekte der E-Modulreduktion auf die Ursache der Oberflächenspannungsunterschiede einzuschränken.

5.1.1 Matrices

Um allgemeingültige Aussagen aus den Ergebnissen zu erzielen, werden zwei teilkristalline Kunststoffe, zwei Fasern und ein Additiv mit unterschiedlichen Eigenschaften kombiniert. Als Kunststoffe kommen sowohl Polypropylen (PP) als auch Polyamid 6.6 (PA 6.6) zum Einsatz. PP verfügt, neben der geringen Dichte, über einen geringen Kristallitschmelzpunkt und eine geringe polare Oberflächenspannung. Neben dem dispersen Oberflächenspannungsanteil von 30,0 mN/m [Owe70] ist der fehlende bzw. sehr geringe polare Oberflächenspannungsanteil von 0,0 mN/m [Owe70] bis 0,8 mN/m [Mae96] hervorzuheben. PA 6.6 mit einem dispersen Oberflächenspannungsanteil von 35 mN/m ist in der Lage, Wasserstoffbrückenbindungen zu bilden, was sich auch in einem höher polaren Oberflächenspannungsanteil von 6,2 mN/m [Owe69] bis 12,9 mN/m [Wu71] widerspiegelt. Die Möglichkeit, Wasserstoffbrückenbindungen auszubilden, geht jedoch beim PA 6.6 mit der Neigung einher, Wasser einzulagern. Vor der Verarbeitung von PA 6.6 wird deshalb stets eine Trocknung im Trockenlufttrockner (Typ: Koch-Technik KKT55-60) nach Herstellerangaben durchgeführt. Eine Charakterisierung der Werkstoffe erfolgt im Verlauf dieser Arbeit mittels Zugversuch, DSC-, TGA- und Kontaktwinkel-Analyse. Nach dem Produktionsprozess und vor den mechanischen Tests werden die Polyamid-Probekörper für mindestens 90 h in einem Exsikkator bei Raumtemperatur gelagert.

5.1.2 Verstärkungsfasern

Die eingesetzten Verstärkungsfasern sind Basalt- und Glasfasern. Beide zeichnen sich durch glatte Faseroberflächen aus, die durch das Schmelzspinnverfahren erzielt werden. Basalt weist dazu eine höhere Festigkeit und einen höheren E-Modul bei höherer Dichte auf. Aufgrund der unterschiedlichen Zusammensetzung der mineralischen Fasern (Tabelle 5.1) liegen verschiedene Oberflächenspannungsanteile vor.

Tabelle 5.1: Chemische Bestandteile von Basaltfasern [Par99] und Glasfasern [Hea01]

Bestandteil	**SiO_2**	**Al_2O_3**	**CaO**	**MgO**	**Fe_2O_3**	**B_2O_3**	**Na_2O**	**Andere Oxide je**
Basaltfaser [Gew-%]	49,0	14,0	9,5	5,0	14,0	-	< 5	< 1
Glasfaser [Gew.-%]	55,2	14,8	18,7	-	< 1	7,3	-	< 1

Basaltfasern besitzen Oberflächenspannungsanteile von polar = 19,45 mN/m und dispers = 19,74 mN/m [Liu08]. Glasfasern hingegen haben polare Oberflächenspannungsanteile von 27,4 mN/m und disperse Anteile von 15,7 mN/m [Mae96]. Laut Literatur weisen die gewählten Verstärkungsfasern eine mikroskopisch glatte Oberfläche bei unterschiedlichen Oberflächenspannungsanteilen auf. [Liu08, Mae96]

Beide Fasern werden im Schmelzspinnverfahren hergestellt und weisen einen Faserdurchmesser zwischen 10 µm und 22 µm bei mikroskopisch glatter Oberfläche auf. Die Verarbeitung der Fasern erfolgt üblicherweise im Compoundierprozess durch Zugabe in Form von Rovings.

5.1.3 Gewählte Werkstoffkombinationen

In der vorliegenden Arbeit liegt ein Fokus auf die Beantwortung der Frage, ob die Grenzflächenspannung der jeweiligen Werkstoffkombination eine Aussage über die E-Modulreduktion aufgrund schlechter Grenzflächenhaftung zulässt. Die Grenzflächenspannung kann mittels des Ansatzes von Owens und Wendt gemäß Formel 2.16 ermittelt werden.

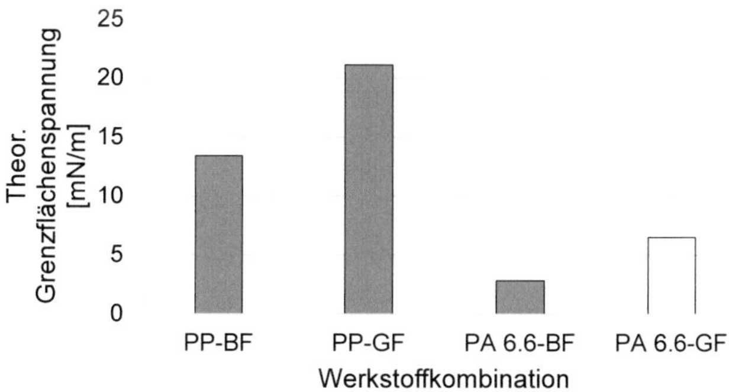

Abbildung 5.1: Darstellung der nach der OWRK-Methode berechneten Grenzflächenspannungen für die Kombinationen der ausgewählten Werkstoffe, Weiterbetrachtung der Extremwerte und eines Mittelwertes (grau), PA 6.6-GF entfällt für weitere Analysen

Anhand der Oberflächenspannungsanteile ergeben sich Werkstoffpaarungen mit geringen und großen Unterschieden in der Grenzflächenspannung. Die Kombinationen aus Basaltfaser mit Polypropylen sowie aus Glasfaser mit Polypropylen weisen größere Unterschiede in der Grenzflächenspannung auf als die Kombinationen mit PA 6.6 Matrices (Abbildung 5.1). Für die weiteren Untersuchungen werden Werkstoffkombinationen aus PP-BF, PP-GF und PA 6.6-BF gewählt. Besteht ein Zusammenhang mit dem E-Modul des Verbundes, verspricht die getroffene Auswahl große Unterschiede in der Einflussnahme der physikalischen Adhäsion.

5.2 Versuchsaufbauten zur Referenzprobenherstellung

5.2.1 Compoundierung

Die Herstellung eines faserverstärkten Compounds erfolgte unter Verwendung eines Doppelschneckenextruders.

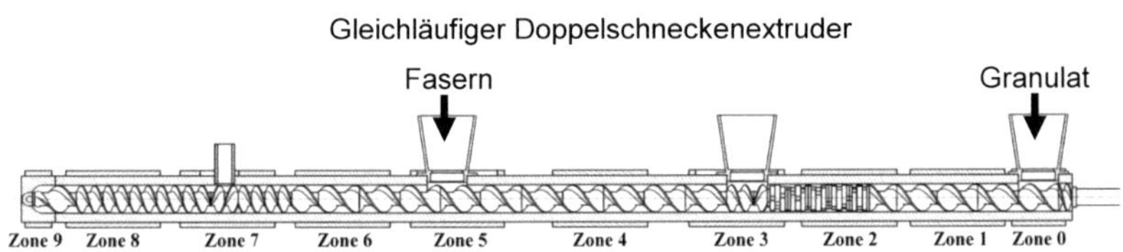

Abbildung 5.2: Verwendete Schneckenkonfiguration des ZSK 40 der Firma Werner & Pfleiderer

Der verwendete gleichläufige Doppelschneckenextruder ist ein ZSK 40 des Herstellers Werner & Pfleiderer mit einem L/D-Verhältnis von 38 und Schneckendurchmessern von 40 mm. Die Schneckendrehzahl wird von 50 1/min bis 200 1/min variiert. Die maximale Zylinderwandtemperatur beträgt 310 °C. Die verwendeten Prozessparameter werden später detailliert erläutert. Der Abbildung 5.2 kann die benutzte Schneckenkonfiguration entnommen werden.

5.2.2 Spritzgießen

Aus den Compounds wurden mittels Spritzgießmaschine Prüfkörper nach DIN EN ISO 527-2 Typ 1A urgeformt [DIN12b]. Die verwendete Spritzgussmaschine ist eine KM80CX Blue Edition der Firma Krauss Maffei und weist eine maximale Schließkraft von 80 t, einen Schneckendurchmesser von 35 mm und ein L/D-Verhältnis von 25,5 auf (vgl. Abbildung 5.3). Für die Versuche mit PA 6.6 wurde eine Federverschlussdüse (siehe Anhang A.1) an Stelle einer konventionellen Düse an der Spitze der Plastifiziereinheit nachgerüstet.

An der Spritzgießmaschine können Plastifizierdrehzahl, Einspritzvolumenstrom, Staudruck und Zylinderwandtemperaturen direkt reguliert werden. Die Werkzeugwandtemperatur wird über ein beigestelltes Temperiergerät des Hersteller gwk Gesellschaft Wärme Kältetechnik mbH eingestellt. Die Massetemperatur des Thermoplasts und der Compounds wurde vor jeder Variation mittels Kontaktmessungen anhand eines PT100-Thermoelements bestimmt. Hierfür wurde die Schmelze aus der Plastifiziereinheit zweimal ins Freie ausgetragen. Zwischen dem ersten und zweiten Austrag wurde das Thermoelement platziert, um die Massetemperatur der Schmelze zu ermitteln.

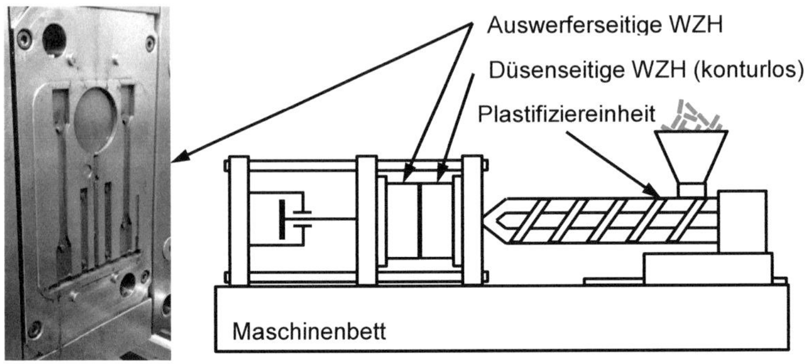

Abbildung 5.3: Schema einer Spritzgießmaschine mit Detailansicht der verwendeten Kavität

Das verwendete Werkzeug war ein Prüfkörperwerkzeug, mit dem es möglich war, mehrere und verschiedene Prüfkörpergeometrien in einem Zyklus abzumustern (Abbildung 5.4). Es besteht aus einer auswerferseitigen und einer düsenseitigen Werkzeughälfte (WZH). Für die Untersuchungen in dieser Arbeit sind lediglich die Zugprüfkörper herangezogen worden.

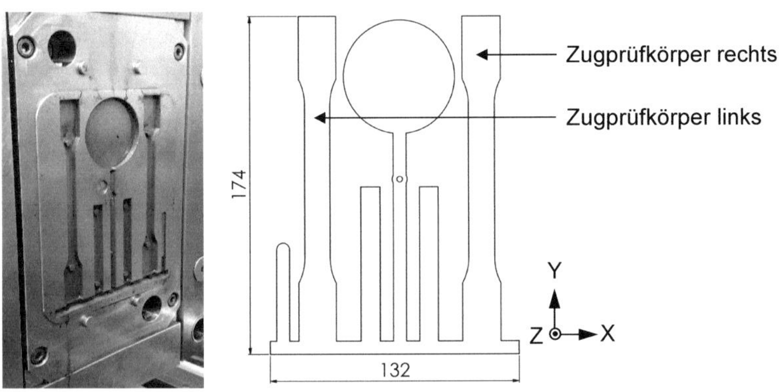

Abbildung 5.4: Prüfkörpergeometrie; montierter Werkzeugeinsatz (links); schematische Darstellung (rechts)

Dieses Werkzeug wurde in der vorliegenden Arbeit für das Urformen aller Kunststoffe und Verbundwerkstoffe verwendet. Dabei wurden die Werkzeugwandtemperaturen thermoplastspezifisch festgehalten. Diese Festlegung sichert gleiche Kristallisationsgrade im Kunststoff, mit und in Abwesenheit von Fasern, ab, wenn die Ergebnisse von [Puc15] auch auf Polypropylen anwendbar sind. Wird der Nachweis erbracht, sichert die Festlegung, der werkzeugspezifischen Kühlcharakteristik und der Kühlgradienten während des Spritzgießzyklus, gleiche Kristallisationsgrade in den Prüfkörpern gleicher Thermoplaste ab, unabhängig vom Faservolumengehalt.

5.3 Messaufbauten zur Grundmaterial- und Referenzprobenanalyse

5.3.1 Thermogravimetrische Analyse (TGA)

Die thermogravimetrische Analyse (TGA, Typ: Netzsch TG 209 F1 Iris) ist konform zur DIN EN ISO 11358 [DIN14]. Die Kunststoffproben werden in einem spezifischen Temperaturintervall mit dem konstanten Temperaturgradient 20 K/min über die Zersetzungstemperatur erhitzt. Während des Heizprozesses wird die Probe gewogen und die Probenkammer mit Stickstoff gespült. Mit Beginn der Zersetzung nimmt das Gewicht der Probe ab und sowohl die Zersetzungstemperatur als auch der Gewichtsverlust nach der Zersetzung werden dokumentiert. Letzteres gibt Aufschluss über den enthaltenen Feststoffanteil in der Probe. Dieser Anteil kann beispielsweise aus mineralischen Materialien wie Füllstoffen bestehen. Die Zersetzungsvorgänge sind stets temperaturgradientenabhängig, was die Vergleichbarkeit auf Durchläufe identischer Temperaturgradienten einschränkt.

5.3.2 Dynamische Differenzkalorimetrie (DSC)

Die dynamische Differenzkalorimetrie (Differential scanning calorimetry DSC, Typ: Netzsch 204 F1 Phoenix) und der Verfahrensdurchlauf entsprechen den Bedingungen nach DIN EN ISO 11357-1 [DIN17]. Die DSC wird zur Analyse der thermischen Eigenschaften von Kunststoffen eingesetzt. In einem Temperaturbereich von -120 °C bis 600 °C können Glasübergangstemperaturen, spezifische Wärmekapazitäten und für teilkristalline Werkstoffe zusätzlich die Kristallitschmelz- und Kristallisationstemperaturen ermittelt werden. Für die Untersuchungen werden konstante Heiz- und Kühlgradienten von 20 K/min vorgegeben.

Für die Kristallisationsgradänderung aufgrund einer Faserzugabe wurde das zweite Heizintervall analysiert. Dadurch wird ein spritzgießprozessunabhängiger Vergleich zwischen den Kristallisationsgraden faserverstärkter und reiner Kunststoffproben sichergestellt.

5.3.3 Bestimmung des Elastizitätsmoduls

Durch den Elastizitätsmodul wird das elastische Verhalten eines Werkstoffs während einer kurzzeitigen und einachsigen Zugbeanspruchung beschrieben. Dabei ist stets auf die eingestellte Dehnrate und die vorliegende Temperatur zu achten. In einem Zugversuch kann der Elastizitätsmodul gemäß DIN EN ISO 527-1 [DIN12a] über die Sekantensteigung ermittelt werden (Abbildung 5.5).

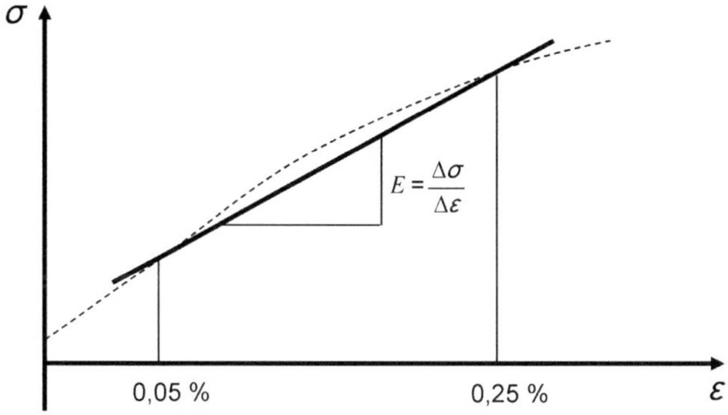

Abbildung 5.5: Darstellung der Elastizitätsmodulbestimmung über die Sekantensteigung [DIN12a]

Alternativ kann die Methode der kleinsten Quadrate Anwendung finden und die Steigung der Regressionsgeraden im Spannungs-Dehnungs-Diagramm zwischen 0,05 % und 0,25 % Dehnung ermittelt werden. [DIN12a]

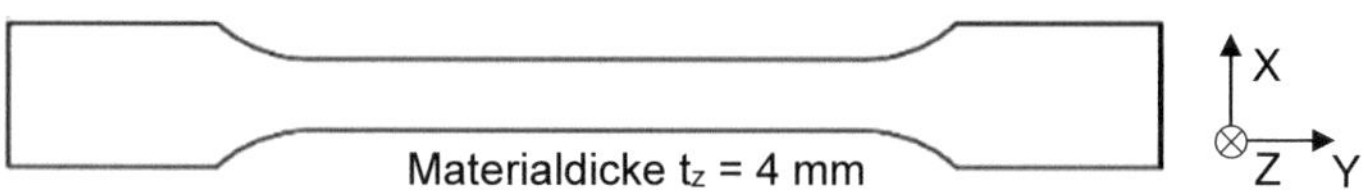

Abbildung 5.6: Zugprüfkörperkontur gemäß DIN EN ISO 527-2 Typ 1A [DIN12b]

Die Prüfkörpergeometrie ist in DIN EN ISO 527-2 [DIN12b] unter Typ 1A definiert und unter anderem für kurzfaserverstärkte Thermoplaste anzuwenden, die im Urformverfahren hergestellt werden (Abbildung 5.6).

In der [DIN12b] wird die Prüfgeschwindigkeit eines Zugversuchs zur E-Modulbestimmung über eine definierte Dehnrate empfohlen. Wird die Dehnrate erhöht, werden allgemein höhere E-Moduln und geringere Dehnungen festgestellt (Abbildung 5.7). Der Grad der E-Moduländerung aufgrund veränderter Dehnraten ist jedoch materialspezifisch. Weicht die Dehnrate zwischen zwei Vergleichsmaterialien ab, ist der direkte Vergleich unzulässig.

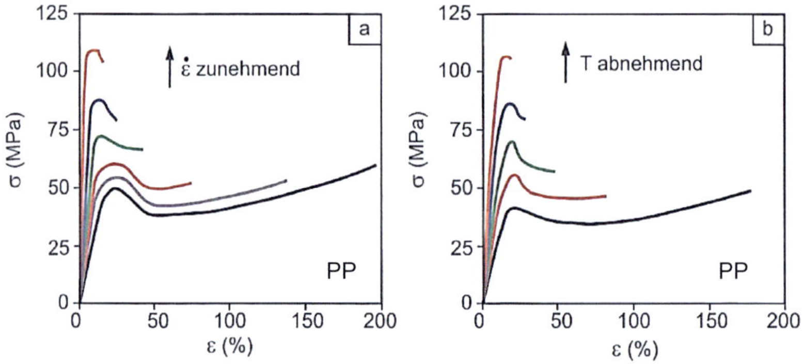

Abbildung 5.7: Dehnratenabhängigkeit (a) und Temperaturabhängigkeit (b) von Kunststoffen am Beispiel PP [Gre11]

Steigende Temperaturen hingegen verringern die E-Moduln von Thermoplasten und Thermoplastverbunden. Auch diese Effektintensität ist materialspezifisch.

Die hergestellten Prüfkörper werden an einer Universalprüfmaschine AG-XD plus mit 50 kN maximaler Prüfkraft der Firma Shimadzu im einachsigen Zugversuch nach DIN EN ISO 527-2 zerstörend geprüft (Abbildung 5.8). Die Universalprüfmaschine ist [DIN12a] konform.

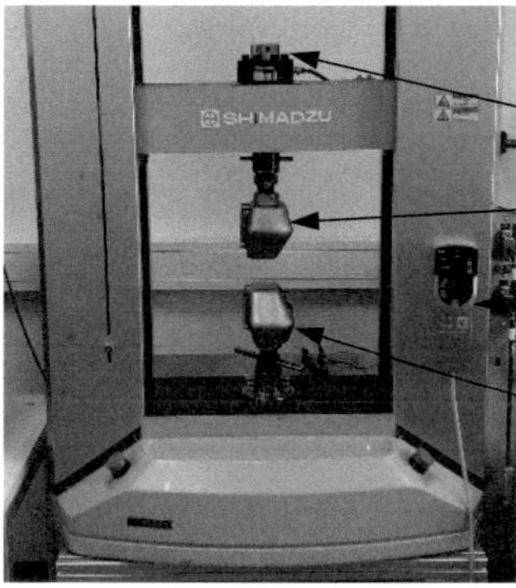

Abbildung 5.8: Verwendete Shimadzu AG-XD 50kN

Die Messanlage kann Prüfgeschwindigkeiten zwischen 0,1 mm/min und 1.000 mm/min bis zu einer Dehnung von 450 % ausführen. Gemäß den Vorgaben der Norm [DIN12b] mit einer Prüfgeschwindigkeit von 1 mm/min bei 23 °C wurde die Zugprüfung durchgeführt. Alle Probekörper wiesen einen Bruch im Bereich des engen, parallelen Bereiches auf.

5.3.4 Faserverteilungsanalyse

Die Faserverteilung in einem Verbundmaterial hat einen maßgeblichen Einfluss auf die resultierenden mechanischen Eigenschaften des Verbundes. In der Berechnungsvorschrift nach Cox-Krenchel ist die Faserverteilung über den Abstand der Fasern so definiert, dass eine homogene Faserverteilung vorausgesetzt wird. Die Überprüfung der tatsächlichen Verteilung ist notwendig, um E-Modulreduktionen durch agglomerierte Fasern auszuschließen. Die quasihomogene Verteilung wird maßgeblich durch den Compoundierprozess definiert. Liegt eine nahezu einheitliche Verteilung von Kurzfasern bereits im Compound vor, ist eine Homogenität im Spritzgussformteil annehmbar.

Die erreichte Güte des Compounds wird durch eine Faser-Verteilungsanalyse geprüft. Granulatkörner des Compounds werden in EP-Harz eingebettet, orthogonal zur Strangextrusionsrichtung geschliffen und die Faserverteilung mittels Durchlichtmikroskopie analysiert.

In den Mikroskopieaufnahmen wird nach Faseranhäufungen (Agglomeraten) und faserfreien Bereichen gesucht. Können keine Agglomerate und faserfreien Bereiche detektiert werden, wird ein Raster auf das Bild gelegt, sodass Sektoren gleicher Größe definiert werden. Die Faserhäufigkeit wird in den Sektoren bestimmt und verglichen. Anhand der Streuung der Faserhäufigkeit kann eine Aussage über die Güte der Faserverteilung getroffen werden.

Zusätzlich wird die Faserverteilung durch Bruchbildanalysen anhand eines Raster-Elektronen-Mikroskops (REM) nachvollzogen.

5.3.5 Bruchbildanalysen mittels Rasterelektronenmikroskops (REM)

Die Bruchstelle zerstörter Prüfkörper wurde mittels Rasterelektronenmikroskop (REM) betrachtet. Das verwendete REM kann bis auf eine Genauigkeit von 20 nm auflösen. Die Analyse der Bruchfläche ermöglicht vorrangig Rückschlüsse auf die Qualität der Adhäsion zwischen den Verbundpartnern, indem die Einbettung der Faser in der Matrix betrachtet wird.

Zusätzlich wurden die Durchmesser der verwendeten Fasern gemessen und die Faserverteilungen in den Bruchflächen qualitativ analysiert. Für die Bestimmung der Faserlänge wurde auf die Kalzinierung mit anschließender Mikroskopie zurückgegriffen.

5.3.6 Kalzinierung

Die Kalzinierung nach DIN EN ISO 1172 [DIN98] diente der Separation der Verstärkungsfasern vom umgebenden Kunststoff in einem Compound. Hierfür wurde die Kunststoffmatrix aus einen Prüfkörper verdampft, um die Fasern von der stützenden Kunststoffmatrix zu separieren (Abbildung 5.9). Dabei ist darauf zu achten, dass die Faser mit der umgebenden Atmosphäre nicht in Reaktion tritt.

Kalzinierungen ermöglichten sowohl die Faservolumenanteils- als auch die Faserlängenmessung. Ersterer wurde durch Messungen mit je fünf Gramm Probenmaterial mittels Vergleichswägungen im Genauigkeitsbereich von 0,01 µg vor und nach der Kalzinierung erfasst, die Faserlänge im Anschluss optisch durch Mikroskopie ermittelt.

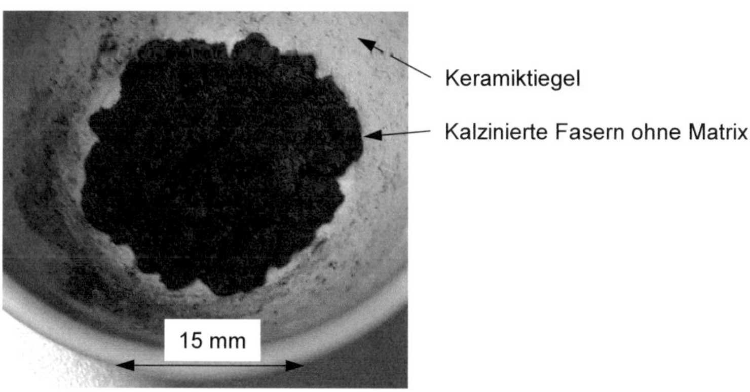

Abbildung 5.9: kalzinierte Compoundgranulatprobe, Verstärkungsfasern sind nicht mehr in Matrix gebunden

Durch das Fehlen der Matrix ist die freie Positionierung von Verstärkungsfasern in die Betrachtungsebene des Mikroskops möglich. Dies vermeidet Winkelfehler bei der Faserlängenmessung.

5.3.7 Mikroskopie und Faserlängenmessung

Zur Bestimmung der Faserlänge wurde ein Carl-Zeiss-Mikroskop mit integrierter Kamera von Jenoptik (Stemi 2000-C) eingesetzt. Das Stemi 2000-C kann bis zu einem Faktor 200 vergrößern und wurde mit einer AxioCam ICc1 kombiniert. Die Verwendung kalzinierter und vereinzelter Fasern ermöglichte eine kippfehlerfreie Faserlängenmessung (Abbildung 5.10).

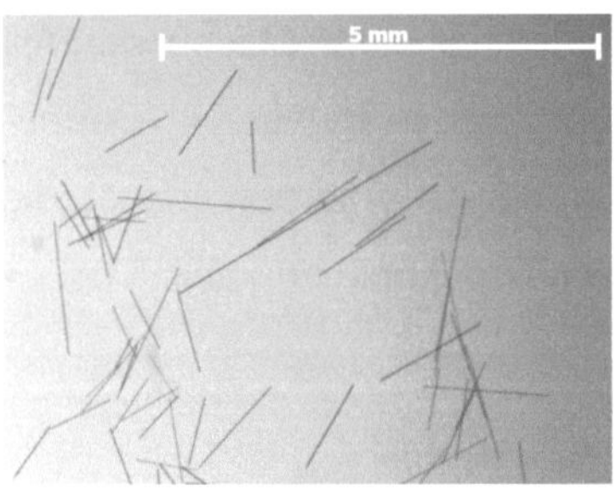

Abbildung 5.10: Mikroskopieausschnitt kalzinierter und vereinzelter Basaltfasern

Es wurden stets alle vollständig abgebildeten Fasern einer Mikroskopieaufnahme vermessen. Je drei Aufnahmen (je mind. 75 Einzelfasern) pro Versuchsdurchführung und die Betrachtung von Aufnahmen verschiedener Kalzinierungsproben einer Versuchsdurchführung ermöglichten eine statistische Absicherung unter geringstmöglichem Bedienereinfluss. Die Vielzahlen an Faserlängen wurden zu einer anzahlgemittelten Faserlänge folgend zusammengefasst.

$$l_f = \frac{\sum_{i=0}^{n} n_{f_i} \cdot l_i}{n_f} \tag{5.1}$$

$$l_i - gemessene\ Faserlänge\ [\mu m]$$

$$n_f - Faseranzahl$$

$$n_{f_i} - Häufigkeit\ der\ gleichen\ Faserlänge\ l_i$$

Die auf diese Weise anzahlgemittelten Faserlängen wurden über die drei Aufnahmen zu einem Mittelwert mit einer Standardabweichung versehen.

Die Mikroskopie wurde auch zur Bestimmung der Faserorientierung in Prüfkörpern herangezogen. Aufgrund der in Spritzgießteilen vorherrschenden Quellströmung von Kunststoffschmelzen sind mehrere Schnittebenen zu untersuchen und zu 3D-Summenwinkeln zusammenzufassen. Zur Präparation der Faserorientierungsmessung dienten Schliffbilder.

5.3.8 Schliffbildanalysen

Schliffbilder ermöglichen einen zweidimensionalen Blick auf die Faserorientierung im Formteil. Mit Schliffbildern in planparallel und orthogonal zueinander orientierten Ebenen können Faserorientierungen mittels Mikroskopie in faserverstärkten Kunststoffproben messbar werden. Aufgrund der Quellströmung von Kunststoffschmelzen sind die

Faserorientierungen über die Querschnittsfläche eines Formteils unterschiedlich (Abbildung 5.11).

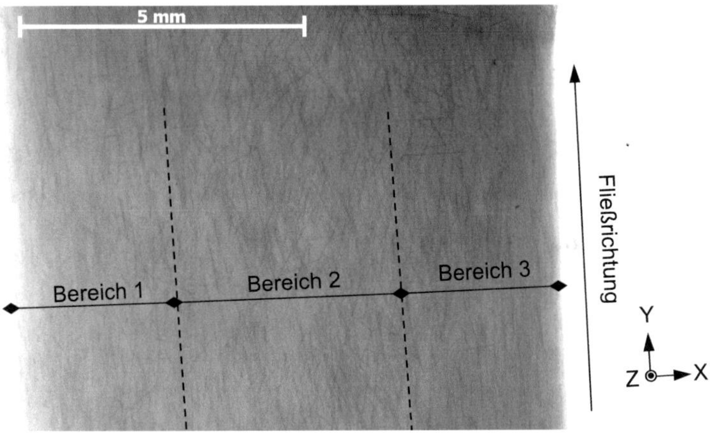

Abbildung 5.11: Schliffbild mittig der XY-Ebene eines Zugprüfkörpers mit drei Faserorientierungsbereichen

In Abbildung 5.11 wird ersichtlich, dass Bereiche nahezu gleicher Faserorientierungsausprägung (vgl. Bereich 1 und 3) vorliegen. Diese Bereiche sind sowohl in der Breite (XY-Ebene) als auch in der Tiefe (YZ-Ebene) des Formteils vorhanden. Wird die Querschnittsfläche eines Zugprüfkörpers im engen parallelen Abschnitt betrachtet, ergeben sich neun Sektoren unterschiedlicher Faserorientierung. Die neun Sektoren können gemäß Abbildung 5.12 unter Berücksichtigung von Punkt- und Spiegelsymmetrien in vier Sektoren gleicher Faserorientierung zusammengefasst werden.

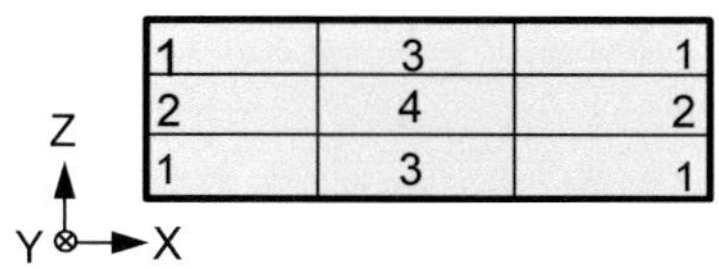

Abbildung 5.12: Faserorientierungssektoren am Querschnitt eines Zugprüfkörpers

Angestrebt wir die Bestimmung je eines 3D-Orientierungswinkels aus den vier Sektoren. Geeignete Schliffebenen sind zu wählen, um die Faserorientierungswinkel in den vier verbleibenden Sektoren zu ermitteln. Die lokalen 2D-Orientierungswinkel lassen sich durch die Betrachtung von lediglich vier Schliffbildern bestimmen (Abbildung 5.13).

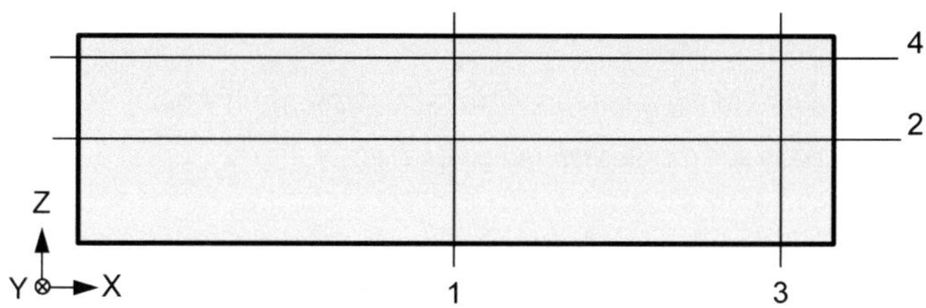

Abbildung 5.13: Darstellung der herzustellenden Schnittebenen/Schliffbilder an den Probekörpern

Die aus den Schliffbildern ermittelten Faserwinkel sind stets 2D-Abbildungen einer dreidimensionalen Faserorientierung im Prüfkörper. Zur Bestimmung des 3D-Orientierungswinkels, des tatsächlichen Winkels der Fasern im Prüfkörper, werden zwei orthogonale Bilder herangezogen und anhand der Betrachtung in Abbildung 5.14 zu einem 3D-Orientierungswinkel des jeweiligen Sektors zusammengetragen

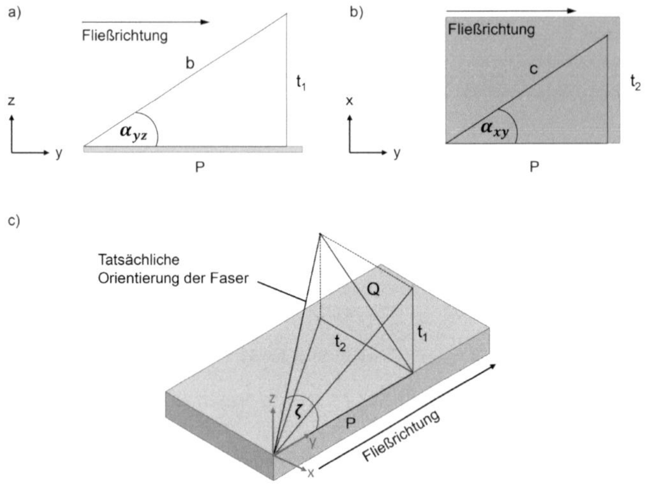

Abbildung 5.14: Faserorientierungswinkel an Schliffbildern: in Ebene YZ (a), in Ebene XY (b), Bestimmung von ζ (c)

$$t_1 = \tan(\alpha_{yz}) \cdot P \qquad 5.2$$

$$t_2 = \tan(\alpha_{xy}) \cdot P \qquad 5.3$$

$$t_1{}^2 + t_2{}^2 = Q^2 \qquad 5.4$$

$$\zeta = \arctan\left(\frac{Q}{P}\right) = \arctan\frac{\sqrt{t_1{}^2 + t_2{}^2}}{P} \qquad 5.5$$

$$\zeta = \arctan\sqrt{\tan(\alpha_{xy})^2 + \tan(\alpha_{yz})^2} \qquad 5.6$$

P = scheinbare Faserlänge entlang der Fließrichtung aus 2D-Mikroskopiebild [mm]

t_1 = Höhe des Endpunktes der Faser in YZ Ebene [mm]

t_2 = Höhe des Endpunktes der Faser in XY Ebene [mm]

Q = Hilfslänge zur Bestimmung der Lage der Einzelfaser im Raum [mm]

ζ = Faserorientierungswinkel, bezogen auf die Fließrichtung/Beanspruchungsrichtung [rad]

Die vier 3D-Orientierungswinkel der Sektoren wurden kombiniert und zu einem global gemittelten Orientierungsfaktor η_0 des untersuchten Zugprüfkörpers zusammengefasst.

Die Kennwerte für die Berechnung der Elastizitätsmoduln der Verbunde nach Reuss und Voigt, inklusive der Anpassungen durch Cox und Krenchel, sind bereits mit den genannten Messvorschriften ermittelbar. Die Berechnung der Haftung in der Grenzfläche erfolgte durch Oberflächenspannungsmessung an Formteilen und Fasern anhand einer separaten Methode.

5.3.9 Kontaktwinkelmessung und Oberflächenspannungsberechnung

Mit Hilfe der Kontaktwinkelmessung ist die Berechnung von Oberflächenspannungen an Feststoffen und Flüssigkeiten möglich. Zur Messung der Kontaktwinkel wird die Wilhelmy-Methode eingesetzt. Verwendet wird das DCAT 21SF mit einer Hochpräzisionswaage. In Kombination mit dem DCATS32 können dynamische Kontaktwinkel an Einzelfasern und faserfreien Formteilen gemessen werden (Abbildung 5.15).

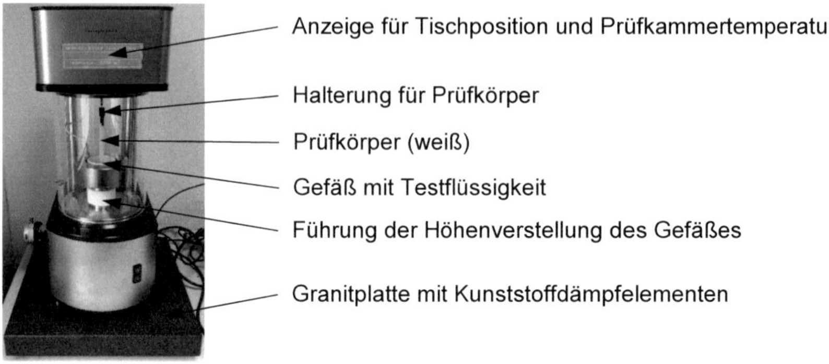

Abbildung 5.15: Aufbau der dynamischen Kontaktwinkelmesseinheit

Der Eintauchdruck sowie der Auszugssog können mittels eingebauter Kraftmessdose mit der Genauigkeit von 0,1 µg gemessen werden. Diese Genauigkeit ist ausreichend, um auch den Kontaktwinkel an Einzelfasern des Durchmessers von 7 µm präzise zu messen.

Die Abbildung 5.16 zeigt einen typischen Messdatenverlauf einer eintauchenden Glasfaser in destilliertes Wasser. Der Faserdurchmesser im Beispiel ist 13 µm. Der gemessene Masseanstieg zeigt die Position an, an der die Glasfaser die Flüssigkeitsoberfläche berührt. Anschließend bildet sich ein Messplateau aus, das minimal durch das verminderte Gewicht der tauchenden Faser verringert wird. Herangezogen für die Bestimmung des Kontaktwinkels an Fasern wurde der Eizugsbereich für die Messung (hellblau) nach dem Messausschlag. In Kombination mit der Benetzungslinie (Umfang des Prüfkörpers) und der Dichte des Prüfköpers kann aus dem gemessenen Gewicht der Kontaktwinkel ermittelt werden.

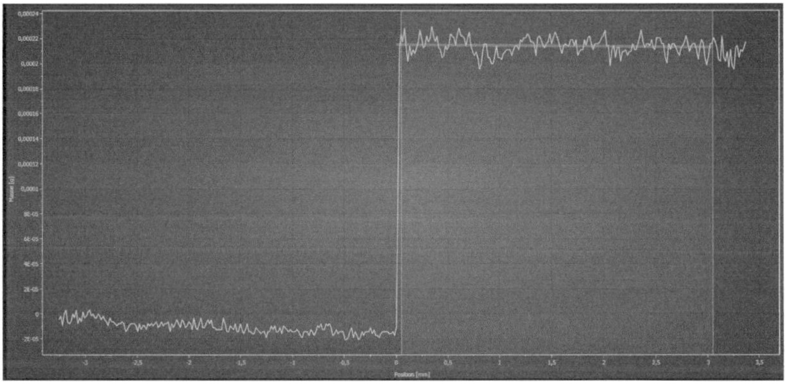

Abbildung 5.16: Messung des Kontaktwinkels mittels Masseänderung beim Eintauchen in eine definierte Flüssigkeit am Beispiel einer Glasfaser in destilliertem Wasser

Diese Messvorschrift wird bei jeder Verbundmaterialkomponente (PP, PA 6.6, GF, BF) angewendet. Jedes Material wird mit drei Messflüssigkeiten, destilliertem Wasser, Dimethylsulfoxid und Ethylenglycol, mindestens 15-fach vermessen, sodass mind. 15 Kontaktwinkel je Messflüssigkeit und Verbundmaterial vorliegen.

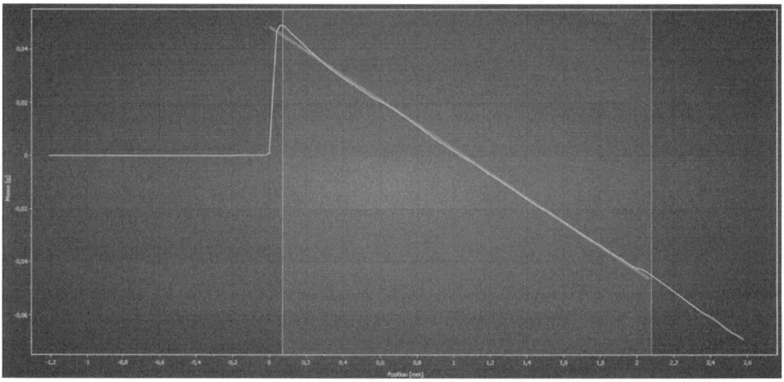

Abbildung 5.17: Messung des Kontaktwinkels mittels Masseänderung beim Eintauchen in eine definierte Flüssigkeit, am Beispiel eines rechteckigen PP-Probekörpers in destilliertem Wasser

Während der Eintauchphase eines Prüfkörpers in die Flüssigkeit ist in der Messkurve kein Plateau erkennbar (Abbildung 5.17). Die Auftriebskraft des PP, aufgrund einer geringeren Dichte als destilliertes Wasser, führt zu einer Entlastung der Kraftmessdose in Abhängigkeit der Eintauchtiefe. Die Auswerteeinheit des Kontaktwinkelmessgerätes berücksichtigt die Dichteunterschiede der Feststoff-Flüssigkeits-Kombinationen und berechnet stets dichteunabhängig die Einflüsse der Oberflächenspannungen auf die Messergebnisse. Hierfür wird die OWRK-Methode gemäß DIN EN ISO 19403-1 [DIN20b] angewendet und mit Hilfe von Excel berechnet. Auf diese Weise werden die Oberflächenspannungswerte der einzusetzenden Kunststoffe, Füllstoffe und Additive ermittelt. Die Werte können dann für die Berechnung des E-Moduls des Verbundes unter Berücksichtigung der Adhäsion in der Faser-Matrix-Grenzfläche genutzt werden.

5.4 Versuchsplanung und Parameterwahl

Ziel der Versuchsplanung ist es, in den zu untersuchenden Probekörpern eine Vielzahl an variierten Einflussgrößen auf den E-Modul des Verbundes zu erzwingen. Dabei ist es jedoch wichtig, dass die Variationen in den Prüfkörpern zu messbaren Änderungen des Elastizitätsmoduls des Verbundes führen. Es werden variierende Faservolumengehalte, Faserlängen und Orientierungen durch drei Strategien erzwungen. Damit wird sichergestellt, dass der untersuchte Bereich der hier vorgestellten Berechnungsvorschrift vergrößert wird. Dafür werden die folgenden drei Strategien angewendet:

Strategie eins verändert die Eingangsgrößen. Hierzu zählen die drei unterschiedlichen Materialkombinationen, um die Haftbedingungen aktiv zu ändern. Zusätzlich werden Faservolumengehalte in den Compounds verändert. Die Variation des Faservolumengehaltes kann der Tabelle 5.2 entnommen werden.

Strategie zwei umfasst Prozessparametervariationen. Einige Spritzgießparameter haben nachweislich Einfluss auf die resultierenden Faserlängen im Prüfkörper, darunter der Staudruck, die Massetemperatur und die Plastifizierdrehzahl [Gei17]. Diese Prozessparameter wurden in Versuchsreihen entsprechend der in Tabelle 5.2 bei φ_f =2,5 % und Tabelle 5.3 bei φ_f =7,5 % dokumentierten Stufen variiert.

Tabelle 5.2: Parametervariationen im Spritzguss am PP-BF-Verbundmaterial mit φ_f =2,5 %

Parameter	Sollwertvariation	Wirkung	Ziel
Staudruck [bar]	5 | 7 | 10	Veränderte Faserlängen	Veränderung des Elastizitäts-moduls des Ver-
Massetemperatur [°C]	220 | 240 | 260	Veränderte Faserlängen Veränderte Viskosität	
Plastifizierdrehzahl [1/min]	25 | 75 | 125	Veränderte Faserlängen	

Die Sollwerte in Tabelle 5.3 wurden derart variiert, dass ein Wirkungsflächenversuchsplan entsteht. Dieser Wirkungsflächenversuchsplan ermöglicht es neben den linearen Haupt- und Wechselwirkungseffekten auch quadratische Effekte zu beschreiben. Der eingesetzte Alpha-Wert wurde auf 2,0 gesetzt. Wird mit diesem Plan eine ausreichende Variation der Faserlänge erreicht, können Signifikanzen von Störgrößen separiert werden und maximale Effekte erzielt werden.

Tabelle 5.3: Parametervariationen im Spritzguss am PP-BF-Verbundmaterial mit φ_f =7,5 %

Parameter	Sollwertvariation	Wirkung	Ziel
Staudruck [bar]	10 | 30 | 50 | 70 | 90	Veränderte Faserlängen	Veränderung des Elastizitäts-moduls des Ver-
Massetemperatur [°C]	220 | 230 | 240 | 250 | 260	Veränderte Faserlängen Veränderte Viskosität	
Plastifizierdrehzahl [1/min]	25 | 50 | 75 | 100 | 125	Veränderte Faserlängen	

Strategie drei soll sich sowohl auf die Faserlänge als auch auf die Faserorientierungen auswirken und wird durch eine konstruktive Änderung erzwungen, indem eine Federverschlussdüse am Düsenausgang der Plastifiziereinheit verbaut wird.

Tabelle 5.4: Festlegungen für die Spritzgießprozesse in Abhängigkeit der Faser-Matrix-Kombination

<table>
<tr><th>Einstellgröße</th><th>PP-BF</th><th>PP-GF</th><th>PA-BF</th><th></th></tr>
<tr><td>Werkzeugwandtemperatur [°C]</td><td>30</td><td>30</td><td>80</td><td></td></tr>
<tr><td>Einspritzvolumenstrom [cm³/s]</td><td>75</td><td>25</td><td>50</td><td></td></tr>
<tr><td>Zykluszeit [s]</td><td>20</td><td>20</td><td>20</td><td></td></tr>
<tr><td>Faservolumenanteil [Vol.-%]</td><td rowspan="4">Siehe Tabelle 5.2</td><td>7,5</td><td>7,5</td><td></td></tr>
<tr><td>Staudruck [bar]</td><td>90</td><td>90</td><td></td></tr>
<tr><td>Massetemperatur [°C]</td><td>220</td><td>280</td><td></td></tr>
<tr><td>Plastifizierdrehzahl [1/min]</td><td>25</td><td>75</td><td>Wirkung</td></tr>
<tr><td>Federverschlussdüse</td><td>nein</td><td>nein</td><td>ja</td><td>Faserverkürzung</td></tr>
<tr><td></td><td colspan="3">Veränderung der Oberflächenspannung</td><td></td></tr>
</table>

Rückschlüsse auf die Veränderungen des E-Moduls können durch Messungen der Faservolumengehalte, der –längen und –orientierungen an den Prüfkörpern gezogen werden. Die festen Einstellgrößen sind für jede Werkstoffkombination spezifisch und können für alle drei Werkstoffkombinationen aus der Tabelle 5.4 entnommen werden.

6 Ergebnisse und Diskussion

6.1 Bewertung des Ausgangszustands der Grundwerkstoffe

6.1.1 Basaltfaser

Die mechanischen Eigenschaften reiner Basaltfasern sind in Tabelle 6.1 aufgeschlüsselt. Dabei werden die Einflüsse der Schichtdicke applizierter Schlichten auf die resultierenden mechanischen Eigenschaften vernachlässigt. Die Zugeigenschaften resultieren aus dem einachsigen Zugversuch (Abschnitt 5.3.3). Die Feuchtigkeitsaufnahme konnte mittels Restfeuchtemessgerät bestimmt werden.

Tabelle 6.1: Mechanische, hydrolytische und thermische Eigenschaften der Basaltfasern

Eigenschaft	Kennwert	Einheit	Norm
Dichte	2,67	g/cm³	[DIN19]
Zugfestigkeit	3.200	MPa	[DIN12b]
Elastizitätsmodul [INC15]	85,00	GPa	[DIN12b]
Einsatztemperatur [Kur03]	-260 bis +820	°C	--

Die Dichte der Basaltfasern wurde über eine Dichtewaage durch Anwendung des Archimedischen Prinzips bestimmt. Neben den hohen mechanischen Eigenschaften der Einzelfaser weist der verwendete Basalt eine Dichte von 2,66 g/cm³ und eine geringe Feuchtigkeitsaufnahme auf.

Abbildung 6.1: Nahaufnahme einer Basaltfaser im Rasterelektronenmikroskop (REM)

Die Oberflächenbeschaffenheit der verwendeten Basaltfasern wird über REM-Aufnahmen überprüft. In Abbildung 6.1 wird ersichtlich, dass die Oberflächen der Basaltfasern vereinzelte Partikel aufweisen. Die ermittelten Anhäufungen lassen sich nicht mit einer TGA-FTIR-Analyse klassifizieren. Es ist möglich, dass die Anhäufungen an den mit Gold besputterten Fasern auf Stäube oder Schlichteanhäufungen beruhen. Im Rahmen dieser Arbeit wird diese Art der Verunreinigung auf der sonst mikroskopisch glatten Oberfläche vernachlässigt. Im Mittelwert weisen die Basaltfasern einen Durchmesser von 13,03 ± 0,307 µm auf (Abbildung 6.1).

Die Oberflächenspannungsanteile der verwendeten Basaltfasern werden mittels Tensiometer und den drei Referenzflüssigkeiten bestimmt. Der gemessene disperse Oberflächenspannungsanteil beträgt 14,6 mN/m und der polare 25,4 mN/m, was eine Gesamtoberflächenspannung von 40 mN/m ergibt.

6.1.2 E-Glasfaser

Die mechanischen Eigenschaften aus dem Zugversuch, die Dichte aus den Wägungen, die Feuchtigkeitsaufnahme aus der Restfeuchtemessung und die Einsatztemperatur der verwendeten E-Glasfasern sind in Tabelle 6.2 dokumentiert.

Tabelle 6.2: Mechanische, hydrolytische und thermische Eigenschaften der eingesetzten E-Glasfasern

Eigenschaft	Kennwert	Einheit	Norm
Dichte	2,63	g/cm³	[DIN19]
Zugfestigkeit	1.803	MPa	[DIN12b]
Elastizitätsmodul	72,20	GPa	[DIN12b]
Einsatztemperatur [Kur03]	-60 bis 480	°C	--

Die Glasfasern mit der Produktbezeichnung „03.3SE1200.1200.A" sind mit einer Schlichte auf Basis von Silan beaufschlagt, die vorrangig für Epoxidharzsysteme und PA 6.6 empfohlen werden. Details zur Materialzusammensetzung der Schlichte konnten weder vom Hersteller noch vom Distributor bekannt gegeben werden. Eine entsprechende Schlichte für die Einbettung in PP-Matrices konnte nicht bereitgestellt werden.

Die verwendeten E-Glasfasern wiesen laut Datenblatt einen Durchmesser von 16,0 µm auf. Dies konnte durch eigene REM-Aufnahmen bestätigt werden (Abbildung 6.2). Die Oberfläche der Glasfaser wird aufgrund der REM-Aufnahme als mikroskopisch glatt angenommen, sodass Verunreinigungen oder Schlichteanhäufungen an der Faseroberfläche vernachlässigt werden.

Abbildung 6.2: Rasterelektronenmikroskop-Aufnahme einer Glasfaser

Die gemessenen Oberflächenspannungsanteile der Glasfasern bestehen aus dem dispersen Anteil von 21,1 mN/m und dem polaren von 24,3 mN/m mit einer Gesamtoberflächenspannung von 45,4 mN/m.

6.1.3 Polypropylen

Das verwendete PP trägt den Handelsnamen Borealis BC612WG. Der Werkstoff hebt sich insbesondere durch die in Tabelle 6.3 dargestellten Eigenschaften ab. Der MFI zeichnet das Material als Spritzgießtyp aus.

Tabelle 6.3: Materialeigenschaften PP Borealis BC612WG

Bezeichnung	Wert	Einheit	Norm
MFI (bei 2,16 kg; 230 °C)	5,0	g/10 min	[DIN12c]
Dichte	0,90	g/cm³	[DIN19]
Zugfestigkeit (50 mm/min)	24,0	MPa	[DIN12b]
Elastizitätsmodul (1 mm/min)	1.093	MPa	[DIN12b]

Anhand einer Dynamischen Differenzkalorimetrie wird die Kristallitschmelztemperatur von 190,1 °C (Peakende) bei einem Temperaturgradienten von 20 K/min gemessen werden (Abbildung 6.3). Dies wird als minimale Verarbeitungstemperatur festgelegt, die in den Verarbeitungsprozessen stets zu überschreiten ist.

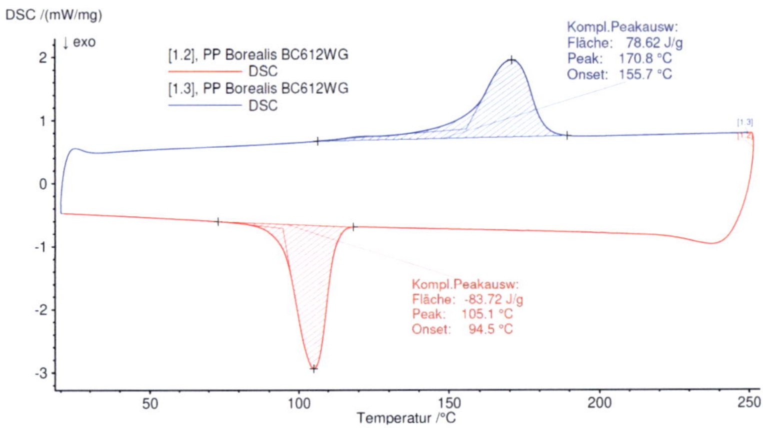

Abbildung 6.3: Darstellung der ersten Abkühl- und zweiten Heizkurve des PP Borealis BC612WG

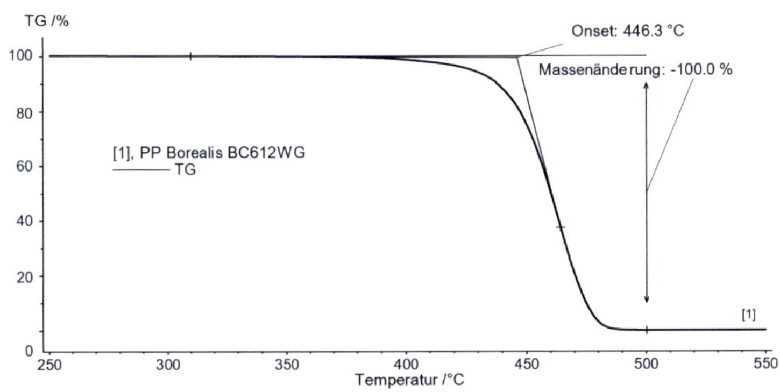

Abbildung 6.4: Darstellung des Zersetzungsbereichs des ungefüllten PP Borealis BC612WG

Ein Ergebnis der Thermogravimetrischen Analyse (TGA) ist die Zersetzungstemperatur des Polypropylens. Die dafür verwendete Onset-Temperatur beträgt 446,3 °C bei einem Temperaturgradienten von 20 K/min (Abbildung 6.4).

Der disperse Oberflächenspannungsanteil von PP beläuft sich auf 16,7 mN/m und der polare Oberflächenspannungsanteil auf 5,6 mN/m. Die Gesamtoberflächenspannung des PP Borealis beträgt 22,3 mN/m.

6.1.4 Polyamid 6.6

Das verwendete Polyamid 6.6 (PA 6.6) trägt den Handelsnamen „Durethan A 30 S“. Der Werkstoff zeichnet sich insbesondere durch die in Tabelle 6.4 dargestellten Eigenschaften aus. Der MFI zeichnet das Durethan A 30 S als leichtfließenden Spritzgießtyp aus.

Tabelle 6.4: Eigenschaften des PA 6.6 Durethan A30S

Bezeichnung	Wert	Einheit	Norm
MFI (2,16 kg; 270 °C)	75,0	g/10 min	[DIN12c]
Dichte	1,14	g/cm³	[DIN19]
Zugfestigkeit (50 mm/min)	81,0	MPa	[DIN12b]
Elastizitätsmodul (1 mm/min) (spritzfrisch)	3.782	MPa	[DIN12b]

Anhand einer Dynamischen Differenzkalorimetrie konnte die Kristallitschmelztemperatur als Mindesttemperatur ermittelt werden. Die Kristallitschmelztemperatur beträgt 278,8 °C bei einem Temperaturgradient von 20 K/min muss im Rahmen des Aufschmelzprozesses überschritten werden (Abbildung 6.5).

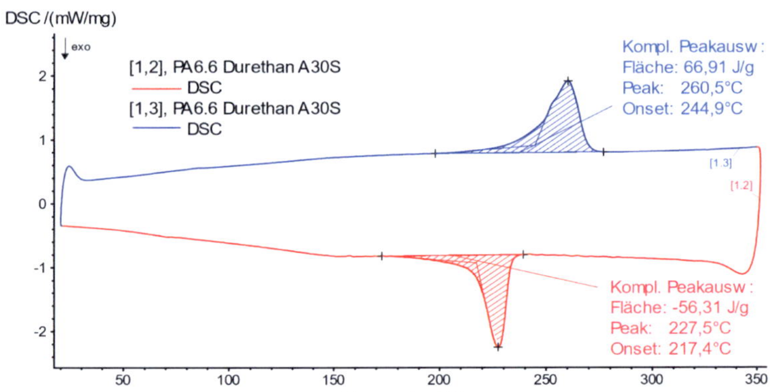

Abbildung 6.5: Darstellung der ersten Abkühl- und zweiten Heizkurve des PA 6.6 Durethan A 30 S

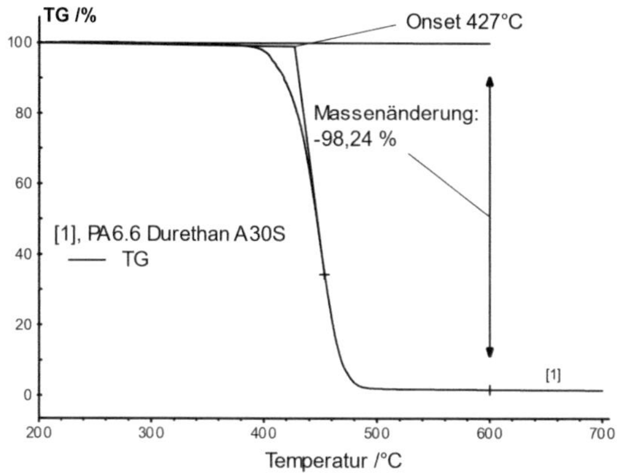

Abbildung 6.6: Darstellung des Zersetzungsbereichs des ungefüllten PA 6.6 Durethan A 30 S

Ein Ergebnis der Thermogravimetrischen Analyse (TGA) ist die Zersetzungstemperatur des Polyamids. Die dafür verwendete Onset-Temperatur beträgt 427,0 °C bei einem Temperaturgradienten von 20 K/min (Abbildung 6.6).

Das Durethan A30S hat einen dispersen Oberflächenspannungsanteil von 29,8 mN/m und der polare Anteil beläuft sich auf 10,2 mN/m. Daraus resultiert eine Gesamtoberflächenspannung von 40,0 mN/m.

6.2 Untersuchung der Faserverteilung in Prüfkörpern

Die erreichte Faserverteilung in Compounds und Zugprüfkörpern wurde anhand einer separaten Mikroskopie-Analyse betrachtet. Dafür wurden Granulatkörner des Compounds in Epoxid-Harz eingebettet, orthogonal zur Strangextrusionsrichtung geschliffen und mittels Durchlichtmikroskopie analysiert. Abbildung 6.7 zeigt repräsentativ die Aufnahmen von Schnittebenen mit der Verteilung von Basaltfasern im Compound. Dunkle Punkte sind Basaltfasern. Graue Bereiche im Granulatkorn geben PP und außerhalb des Granulatkorns EP-Harz wider. Weiße Bereiche repräsentieren Vakuolen im Granulatkorn, aufgrund von Schwindungserscheinungen während des Abkühlvorgangs im Wasserbad.

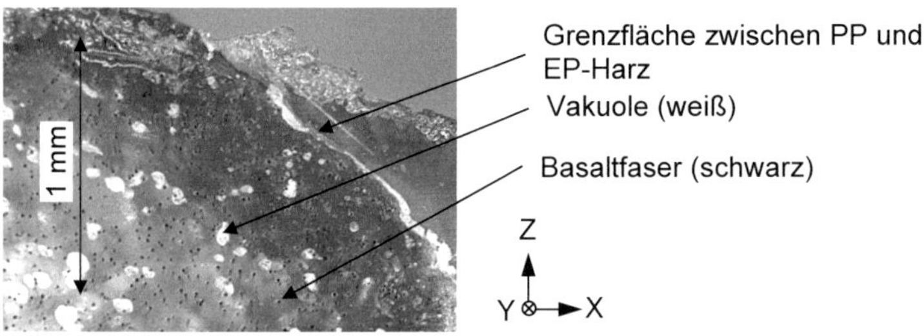

Abbildung 6.7: Durchlichtmikroskopie-Ausschnitt eines basaltfasergefüllten PP-Granulatkorns

In Abbildung 6.7 ist zu erkennen, dass die Basaltfasern im Granulatkorn fein und nahezu homogen verteilt sind und keine Agglomerate detektiert werden. In jeder Messreihe ist eine vergleichbare Durchmischung nach der Compoundierung im Doppelschneckenextruder beobachtet worden.

Es wurden weitere Messungen an Zugprüfkörpern durchgeführt. Die Prüfkörper wurden orthogonal zur Zugbeanspruchung in der x-z-Ebene zerteilt. Die Präparation der Schnittfläche erfolgte auf die gleiche Weise, wie beim Granulat. Auch auf den folgenden Aufnahmen können keine Faseranhäufungen detektiert werden (siehe Abbildung 5.11 und Abbildung 6.8). Die Verteilung der Fasern im Granulat und

Zugprüfkörper folgen zudem keiner spezifischen Regelmäßigkeit. Aufgrund der freibeweglichen Fasern im Thermoplast sind verschiedene Faserverteilungsfunktionen möglich. Die Verwendung einer idealisierten, hexagonalen Faserverteilung wird als zulässig erachtet.

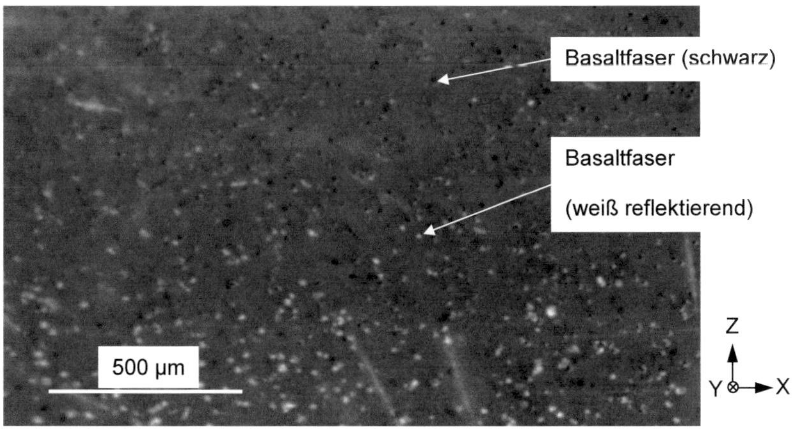

Abbildung 6.8: Mikroskopie einer Schliffprobe über den Querschnitt eines PP-BF-Zugprüfkörpers

Vereinfachend wurde die volumenbezogene Gegenüberstellung des Faseranteils zum Matrixanteil auf eine flächenbezogene Betrachtung reduziert. Die Formel des Flächenanteils der Faser wird folgendermaßen beschrieben:

$$A_f = \pi \cdot r^2 \qquad 6.1$$

$$A_f - Querschnittsfläche\ der\ Faser\ [\mu m^2]$$

$$r - Faserradius\ [\mu m]$$

Wird das Faserverbundmaterial als Summation von Einzelfasern, ummantelt vom Thermoplast, betrachtet, dann kann diese Kombination als Einheitszelle bezeichnet werden.

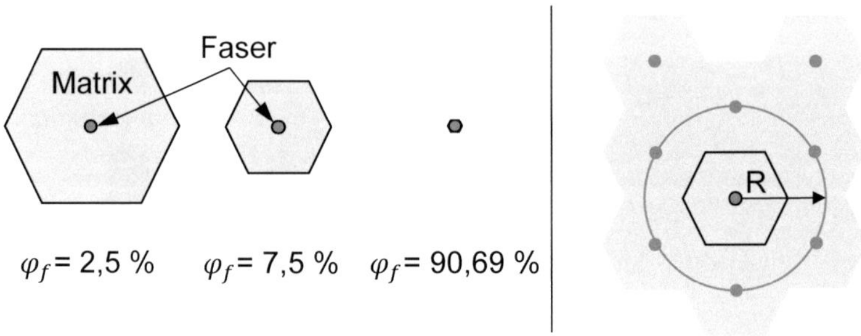

Abbildung 6.9: Faser-Matrix-Verhältnis anhand des Faservolumengehaltes in einer Einheitszelle (links), Abstand der Fasern zueinander im Verbundmaterial bei φ_f = 7,5 % (rechts)

Für die betrachtete Einheitszelle wird eine hexagonale Verteilung gewählt, denn diese Verteilung berücksichtigt die theoretisch dichteste Packung an Fasern mit einem maximalen Faservolumenanteil von 90,69 % (Abbildung 6.9). Erreicht der Faservolumengehalt diesen Maximalwert, berühren sich die Fasern infinit dezimal. Eine vollständige Ummantelung der Faser mit der Matrixkomponente ist ab diesem Wert und darüber hinaus nicht mehr gegeben. Der Flächeninhalt einer hexagonalen Einheitszelle lautet:

$$A_{Hex} = {r_i}^2 \cdot 2 \cdot \sqrt{3} \qquad 6.2$$

$$A_{Hex} - Fläche\ der\ hexagonalen\ Einheitszelle\ [\mu m^2]$$

$$r_i - Innenkreisradius\ [\mu m]$$

Aufgrund der Annahme, dass die dritte Dimension einen vernachlässigbaren Einfluss auf die Faserverteilung hat, kann der Faservolumengehalt als Proportionalitätsfaktor für die Beschreibung des Faserflächengehaltes in einer hexagonalen Matrixeinheitszelle verwendet werden.

$$A_f = A_{Hex} \cdot \varphi_f \quad 6.3$$

Gemäß [Cox52] wird der Radius R vom Zentrum einer Faser zum Zentrum der Nachbarfaser berechnet. Mit $2 \cdot r_i = R$ ergibt sich folgende Berechnungsformel für die Ermittlung des mittleren Abstands zwischen zwei Fasern:

$$R = \sqrt{\frac{2 \cdot \pi \cdot r^2}{\sqrt{3} \cdot \varphi_f}} \quad 6.4$$

$R - Radius\ des\ Abstands\ der\ Fasern\ zueinander\ [\mu m]$

$r - Radius\ der\ Faser\ [\mu m]$

$\varphi_f - Faservolumengehalt$

Der hexagonale Ansatz ermöglicht die Berechnung des idealisierten Faserabstandes auf Grund des Faservolumengehaltes und des vorliegenden Faserradius‘. Mit Hilfe dieser Formel kann der Koeffizient β ohne Faserabstandsmessungen aus dem Faservolumengehalt berechnet werden.

6.3 Einfluss der Faserverstärkung auf die Kristallisation

Anhand des Standes der Technik wurde gemutmaßt, dass Fasern als Nukleierungsmittel im Spritzgießprozess wirken können, indem das Kristallwachstum vorwiegend an der Faser-Ma-trix-Grenzfläche entsteht. Dieser Verdacht konnte im Zusammenhang mit einem spritzgießprozessrelevanten Kühlgradienten (>150 K/min) anhand von Quellen im Stand der Technik widerlegt werden (vgl. Abschnitt 2.5.1). Ungeklärt blieb bislang, ob das Vorhandensein von Fasern in teilkristallinen Thermoplasten zu einer Veränderung des Kristallisationsgrades führt. Dieser Fragestellung wurde mittels DSC-Messungen nachgegangen. Zuerst wurden Formteilproben des faserfreien PP und im Anschluss des mit Basaltfasern versetzten PP der identischen Charge analysiert. Identische Heiz- und Kühlgradienten während der Analyse sicherten die Vergleichbarkeit der Messungen ab. Die Betrachtung der zweiten Heizkurve der DSC-Analyse schließt den möglichen Einfluss des Spritzgießprozesses aus. In der folgenden Abbildung 6.10 sind exemplarisch zwei Messergebnisse des Probenkristallisationsgrades der zweiten Heizkurve kombiniert dargestellt. Wiederholte Durchläufe in der DSC (3.-5. Heizkurve) wiesen vergleichbare Kristallisationsgrade auf.

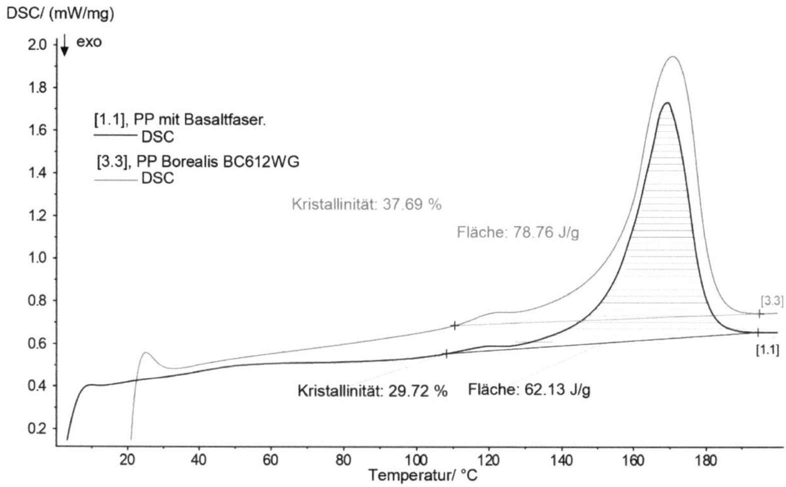

Abbildung 6.10: Kristallisationsgrade eines nicht verstärkten und eines basaltfaserverstärkten Borealis BC612WG-Prüfkörpers

Die in der DSC ermittelte Kristallbildung findet nur in der Matrixkomponente statt. Beim Vergleich der Kristallinität der Matrixprobe und des Verbundes muss der Gewichtsanteil der Faser eliminiert werden.

Die Messungen der ersten Heizkurve wiesen einen zwischen 2 % bis 2,5 % niedrigeren Kristallisationsgrad auf. Die grundlegende Abweichung blieb jedoch erhalten. Diese Beobachtung steht im Einklang mit der Tatsache, dass im Spritzgießprozess deutlich höhere Beträge des Kühlgradienten auf den Thermoplast wirken als im Rahmen der DSC-Messung mit 20 K/min.

Der in den Proben vorhandene Fasergewichtsanteil wurde über eine anschließende Thermogravimetrische Analyse der jeweiligen DSC-Probe bestimmt. Im Anhang A.1 ist die zugehörige TGA-Kurve hinterlegt. Anhand dieser Messung konnte in der Referenzprobe ein Faseranteil von ca. 18 Gew.-% detektiert werden. Unter Berücksichtigung des gemessenen Faseranteils beträgt die Kristallinität des reinen PP 37,69 ± 0,6 % die des basaltfaserverstärkten PP 36,24 ± 0,8 %. Kein signifikanter Unterschied im Kristallisationsgrad ist erkennbar. Die Schilderungen von [Laf13] zu signifikanten Kristallisationsgradänderungen aufgrund von Faserverstärkungen im Thermoplast treffen auf die gewählten Materialkombinationen und den Untersuchungsbereich nachweislich nicht zu. Kristallisationsgradänderungen aufgrund von Faserverstärkungen im Thermoplast werden daher im weiteren Verlauf vernachlässigt.

6.4 Auswirkungen der Parametervariation auf die Faserlänge

In Abschnitt 5.4 Tabelle 5.3 wurde ein zentral zusammengesetzter Versuchsplan (Stern und Würfel) erarbeitet und umgesetzt. Dabei sind der Staudruck, die Massetemperatur und die Plastifizierdrehzahl variiert worden.

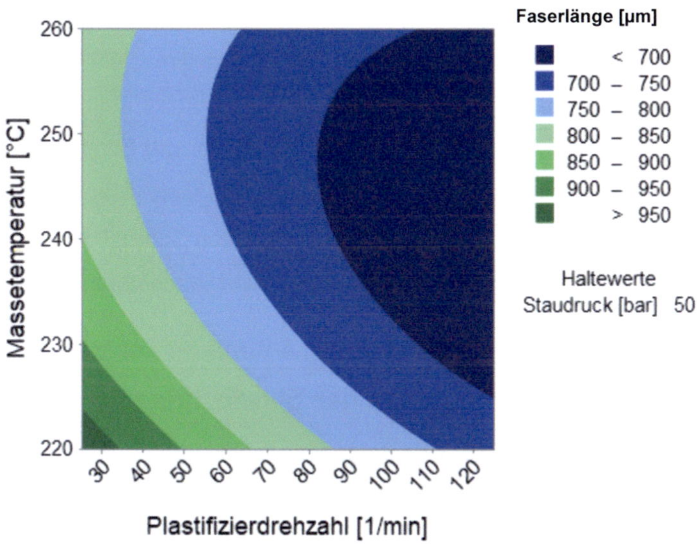

Abbildung 6.11: Konturdiagramm der Wirkung von Massetemperatur und Plastifizierdrehzahl auf die Faserlänge im Spritzgießformteil

Die Parametervariation des Versuchsplans hat anzahlgemittelte Faserlängen größer als 650 µm und kleiner als 1.000 µm hervorgerufen. Diese sind auf die zwei Haupteffekte: Massetemperatur und Plastifizierdrehzahl zurückzuführen. Nur diese beiden Haupteffekte übertreffen den t-Wert des Vertrauensbereichs von 99,9 % und sind als höchst signifikant zu bezeichnen. Beide Effekte weisen Nichtlinearitäten auf, wobei die Massetemperatur bei ca. 250 °C ein Minimum aufzeigt. Mit steigender Plastifizierdrehzahl wird im Untersuchungsbereich stets eine Verringerung der Faserlänge festgestellt, wobei der Gradient bei niedrigen Drehzahlen (25 1/min-75 1/min) betragsmäßig höher ist. Der Staudruck weist im Untersuchungsbereich keine Signifikanz auf.

Die Signifikanz der Drehzahl kann mit der erhöhten Scherwirkung und dem daraus resultierend höheren Druck bei der Plastifizierung des Granulats bis zur Schmelze erklärt werden. Höhere Massetemperaturen setzen die Viskosität der Schmelze herab, die Schmelze schützt die Faser weniger, da die Schmelze an Zähigkeit/Viskosität verloren hat. Die Fasern werden in einer niederviskosen Schmelze geringer vor scherenden Effekten und Interaktionen mit Maschinenteilen oder anderen Fasern geschützt.

6.5 Messergebnisse der Elastizitätsmoduln der Verbunde

Ein Schwerpunkt der Arbeit besteht darin, die Elastizitätsmoduln unter Zuhilfenahme einer Berechnungsvorschrift unter Berücksichtigung des verbliebenen Effektes, der Adhäsion zwischen Faser und Matrix, direkt zu ermitteln. Gelingt es, die Adhäsion an der Kontaktfläche zwischen Faser und Matrix mathematisch zu beschreiben, können Musterproduktionen und Erprobungen des Compounds durch Zugversuche obsolet werden. Für die Verifikation des gebildeten Ansatzes sind Probenproduktion und Zugversuche jedoch zwingend notwendig.

Anhand der in Abschnitt 5.3.3 beschriebenen Vorgehensweise können die Elastizitätsmoduln im Zugversuch ermittelt werden. Die Elastizitätsmoduln der reinen Matrices und Fasern weisen Standardabweichungen unter 1,4 % auf und können dem Abschnitt 6.1 entnommen werden.

Die gemessenen Elastizitätsmoduln der Verbunde erstrecken sich von 1.927 MPa (PP-BF 2,5 %) bis 4.948 MPa (PA-BF 7,5 %) mit Abweichungen zwischen 0,2 % und 3,94 % (Tabelle 6.5).

Tabelle 6.5: Übersicht über die Elastizitätsmoduln mit Angabe des prozentualen Vertrauensbereiches

PP-BF φ_f =**2,5 %**	**Wert [MPa]**	**Abweichung [%]**	**PP-BF** φ_f =**7,5 %**	**Wert [MPa]**	**Abweichung [%]**
E_{min}	1.927	2,48	E_{min}	3.360	1,28
E_{max}	2.329	3,30	E_{max}	3.724	1,23
E bei s_{min}	2.217	0,83	E bei s_{min}	3.375	0,42
E bei s_{max}	2.161	3,94	E bei s_{max}	3.633	2,55
PP-GF φ_f =**8,5 %**	**Wert [MPa]**	**Abweichung [%]**	**PA-BF** φ_f =**7,5 %**	**Wert [MPa]**	**Abweichung [%]**
E_{min}	3.454	0,3	E_{min}	4.760	1,1
E_{max}	3.546	0,4	E_{max}	4.948	1,0
E bei s_{min}	3.469	0,2	E bei s_{min}	4.948	1,0
E bei s_{max}	3.510	0,9	E bei s_{max}	4.862	2,1

Die 63 Versuchspunkte entstanden aus mindestens je sechs Einzelmesswerten und dienen zur Verifikation bestehender Modelle sowie der Entwicklung und Verifikation des neuartigen Berechnungsansatzes.

Anhand folgender Probencodierung wird die Unterscheidung der Vielzahl an Messwerten und berechneten Werten vereinheitlicht (Abbildung 6.12).

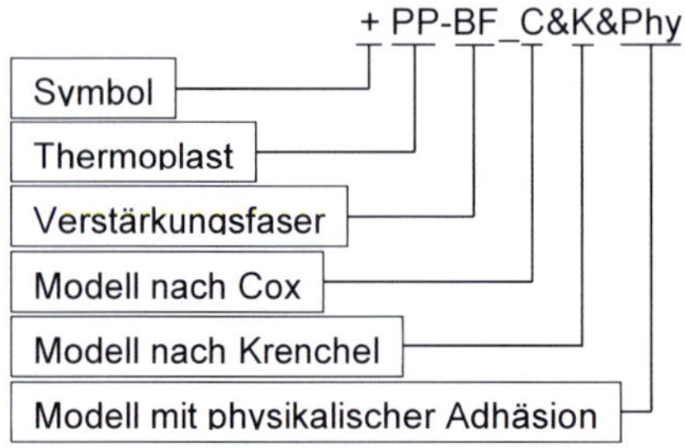

Abbildung 6.12: Probencodierung für die Vergleiche gemessener und berechneter Elastizitätsmoduln

Die erste Stelle der Probencodierung (Symbol) wird anhand unterschiedlicher Symbolformen und -farben in den folgenden Diagrammen entsprechend Tabelle 6.6 hervorgehoben. Dies soll eine schnellere und eindeutige Zuordnung der Messpunkte zur vorliegenden Werkstoffkombination und Modellvariante ermöglichen.

Tabelle 6.6: Symbolcodierung und -färbung nach Werkstoffkombination und Modellvariante

Symbol-form	Werkstoff-kombination	Symbol-farbe	Modell-variante
+	PP-GF	+	_C
o	PP-BF	+	_C&K
x	PA-BF	**+**	_C&K&Phy
		+	Messwert

Für die weitere Vorgehensweise sind vorerst die Kennwerte der Mischungsregel zu ermitteln.

6.6 Gemessene Faservolumengehalte

Mit Hilfe der vorgestellten Kalzinierungsmethode (Abschnitt 5.3.6) können die tatsächlichen Faservolumengehalte in den Prüfkörpern ermittelt werden, die zur Elastizitätsmodulbestimmung via Zugversuch verwendet wurden. Diese Vorgehensweise stellt sicher, dass Abweichungen zwischen Soll- und Ist-Faservolumengehalt den Vergleich zwischen berechneten und gemessenen Elastizitätsmoduln des Verbundes nicht verfälschen. Je Versuchspunkt wurden drei Messungen durchgeführt und zu einem mittleren Faservolumengehalt zusammengefasst, dessen Standardabweichungen stets 1,2 % nicht überschritten. Die Ergebnisse können den folgenden drei Tabellen 6.7 - 6.9 entnommen werden.

Tabelle 6.7: Auswahl der Mittelwerte gemessener Faservolumengehalte an PP-BF Proben

PP-BF $\varphi_{f_{soll}}$ =7,5 %	**Ist [Vol.-%]**	**Daraus prozentuale Abweichung [%]**
$\varphi_{f_{max}}$	7,57±0,011	0,1
$\varphi_{f_{min}}$	5,99±0,013	0,2
φ_f bei s_{max}	7,24±0,024	0,3
PP-BF $\varphi_{f_{soll}}$ =2,5 %	**Ist [Vol.-%]**	**Daraus prozentuale Abweichung [%]**
$\varphi_{f_{max}}$	2,73±0,013	0,5
$\varphi_{f_{min}}$	1,81±0,020	1,1
φ_f bei s_{max}	2,71±0,032	1,2

Die Versuche mit $\varphi_{f_{soll}} = 7{,}5$ % umfassen 25 Versuchspunkte, die Versuche mit $\varphi_{f_{soll}} = 2{,}5$ % umfassen elf Versuchspunkte mit je drei Kalzinierungen. In Tabelle 6.7 sind die maximalen und minimalen Faservolumengehalte samt Abweichungen sowie der Faservolumengehalt mit der statistisch größten Abweichung dargestellt.

Tabelle 6.8: Mittelwert gemessener Faservolumengehalte an PP-GF-Proben

Soll-Faservolumengehalt	**Ist [Vol.-%]**	**Menge an Messpunkten**
8,5 %	8,511± 0,001 %	16

Tabelle 6.9: Mittelwert gemessener Faservolumengehalte an PA-BF-Proben

Soll-Faservolumengehalt	**Ist [Vol.-%]**	**Menge an Messpunkten**
7,5 %	7,643± 0,031 %	12

Die Abweichungen zwischen den eingestellten und den gemessenen Faservolumengehalten sind teilweise über 2,5 %, jedoch werden für die angestrebten Berechnungen die Ist-Werte der Faservolumengehalte verwendet. Dies sichert zuverlässige Elastizitätsmoduln des Verbundes, da die Faservolumengehalte einen signifikanten Einfluss auf die Verbundeigenschaften ausüben (siehe Abschnitt 2.3.4.1).

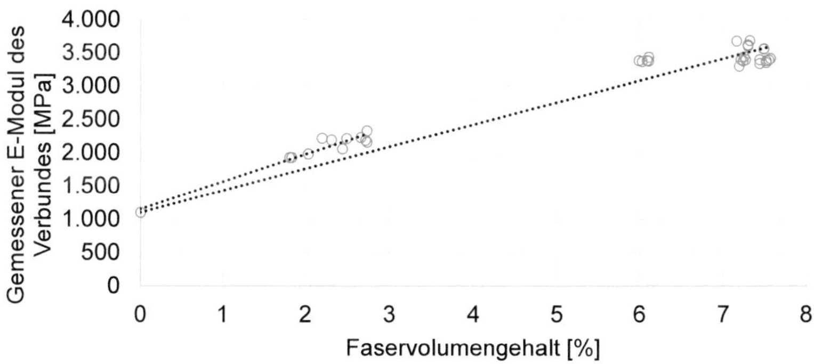

Abbildung 6.13: Vergleich der Elastizitätsmoduln mit dem Faservolumengehalt der Zugprüfkörper

Werden die gemessenen Elastizitätsmoduln am Beispiel der PP-BF-Versuchsreihen mit den Faservolumengehalten verglichen, wird die Abhängigkeit der beiden Größen zueinander genauso wie der notwendige Einfluss weiterer Kennwerte deutlich (Abbildung 6.13).

6.7 Arithmetisch gemittelte Faserlängen im Verbund

Anhand der Vorgehensweise aus Abschnitt 5.3.7 werden die Faserlängen jedes Versuchspunktes der Werkstoffkombinationen gemessen. Die größte Varianz in den Messwerten wurde in den Messergebnissen der PP-BF Compounds ermittelt (Tabelle 6.10). Die Faserlängen der anderen Werkstoffkombinationen weisen geringere Standardabweichungen auf.

Tabelle 6.10: Übersicht der maximalen Faserlängen je Werkstoffkombination und der Faserlänge mit maximaler Standardabweichung

PP-BF $\varphi_f = $ **2,5 %**	**Ist [µm]**	**Grad der Abweichung [%]**	**PP-BF** $\varphi_f = $ **7,5 %**	**Ist [µm]**	**Grad der Abweichung [%]**
$l_{f_{max}}$	1.332±27,97	2,1	$l_{f_{max}}$	984±30,50	3,1
$l_{f_{min}}$	867±21,68	2,5	$l_{f_{min}}$	676±29,74	4,4
l_f bei s_{max}	928±31,55	3,4	l_f bei s_{max}	712±68,35	9,6
PP-GF $\varphi_f = $ **8,5 %**	**Ist [µm]**	**Grad der Abweichung [%]**	**PA-BF** $\varphi_f = $ **7,5 %**	**Ist [µm]**	**Grad der Abweichung [%]**
$l_{f_{max}}$	875±21,03	2,4	$l_{f_{max}}$	462±21,78	4,7
$l_{f_{min}}$	715±20,06	2,8	$l_{f_{min}}$	310±19,53	6,3
l_f bei s_{max}	856±51,33	6,0	l_f bei s_{max}	326±31,95	9,8

Anhand der Messergebnisse kann der Einfluss der Faserlänge auf die Änderung des E-Moduls aufgezeigt werden.

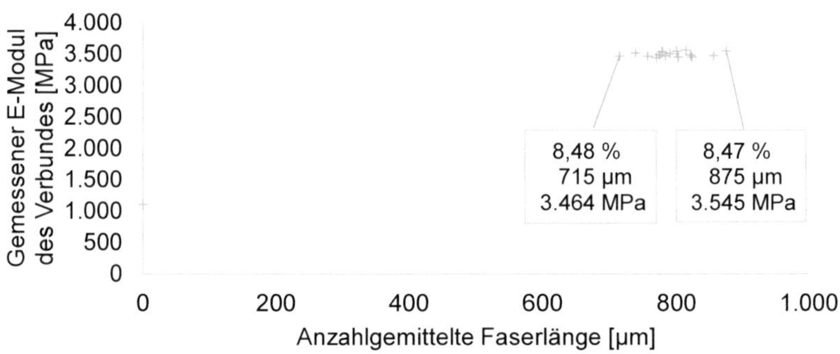

Abbildung 6.14: Faserlängeneinfluss auf den Elastizitätsmodul des PP-GF-Verbundes

In Abbildung 6.14 werden die Faserlängen des PP-GF-Verbundes mit den gemessenen Elastizitätsmoduln verglichen. Repräsentativ werden zwei Versuche mit nahezu gleichem Faservolumengehalt und abweichenden Faserlängen hervorgehoben. Die Faserlängenunterschiede in den Versuchen sind größer als die Standardabweichungen der Faserlängen und der Elastizitätsmoduln. Die höhere anzahlgemittelte Faserlänge von 160 µm verändert den E-Modul um 81 MPa. Die Länge der Fasern wirkt sich nachweislich auf den Elastizitätsmodul aus.

Der Einfluss der Faserlänge wird bei geringeren Faservolumengehalten ersichtlicher. In einem Vergleich konnte der gleiche Faservolumengehalt gemessen werden (Abbildung 6.15 a) und b). Hierbei variierte die anzahlgemittelte Faserlänge um 83 µm und bewirkte einen Elastizitätsmodulanstieg von 169 MPa. In diesem Vergleich liegen die Standardabweichungen der Messwerte zwar eng beieinander, dennoch ist die Unsicherheit der aufsummierten Abweichungen von 161,9 MPa geringer als die erreichte E-Modul- und Faserlängenänderung.

Der Vergleich zwischen den Messpunkten Abbildung 6.15 a) und c) weist eine Erhöhung der Faserlänge um ca. 33 % auf, während sich der Faservolumengehalt um ca. 33 % reduziert. Der Elastizitätsmodul des Verbundes nimmt dennoch ab, folglich ist der Einfluss des Faservolumengehaltes größer als der der Faserlänge. Die aufsummierten Messwertschwankungen lagen hier bei 103,4 MPa und sind deutlich unter der festgestellten Elastizitätsmoduländerung von 403 MPa.

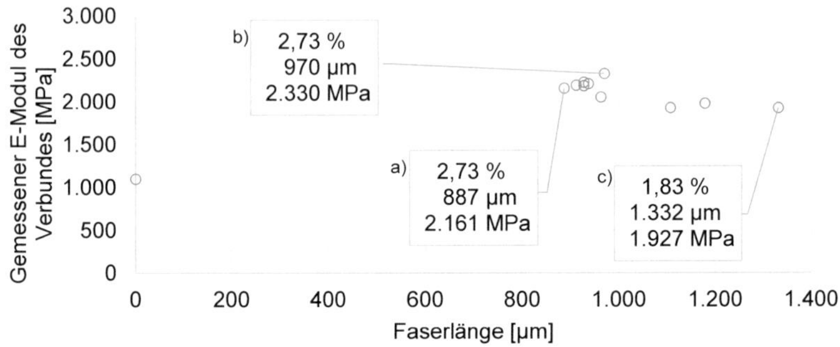

Abbildung 6.15: Faserlängeneinfluss auf den Elastizitätsmodul des PP-BF-Verbundes

Werden die Faserlängen mit den Faservolumengehalten verglichen, können zwei Effekte herausgearbeitet werden. Mit steigendem Faservolumengehalt sinkt die anzahlgemittelte Faserlänge ab (Abbildung 6.16).

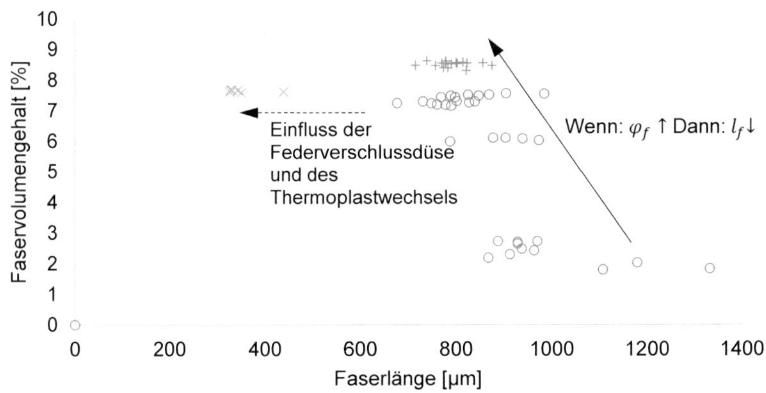

Abbildung 6.16: Gegenüberstellung von Faservolumengehalten und anzahlgemittelten Faserlängen

Der zweite Effekt wird durch die Verwendung der Federverschlussdüse mit kombiniertem Thermoplast-Wechsel von PP auf PA deutlich. Die Faserlänge wird signifikant reduziert, sodass gegenüber dem Vergleichsmaterial PP-BF ohne Federverschlussdüse halbierte anzahlgemittelte Faserlängen vorliegen. Die Strategie aus der Versuchsplanung konnte erfolgreich umgesetzt werden, sodass deutlich kürzere Faserlängen den Arbeitsraum des alten Modells und des angestrebten, neuen Berechnungsansatzes erweitern.

Werden die Ergebnisse aller Versuchspunkte in ein Diagramm gemessener Elastizitätsmoduln und anzahlgemittelter Faserlängen überführt, können einige Einflüsse direkt aus den Messpunktwolken und Trendlinien gelesen werden (Abbildung 6.17).

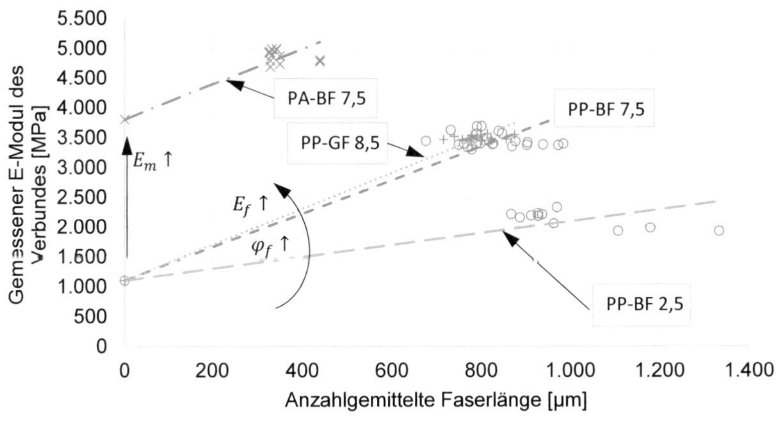

Abbildung 6.17: Einflüsse der Faserlänge und weiterer Materialgrößen über werkstoffspezifische Trendlinien

Steigt der Elastizitätsmodul der Matrix oder der Faser, erhöht sich auch der E-Modul des Verbundes messbar. Mit steigendem Faservolumengehalt und/oder Faserlänge steigt der Elastizitätsmodul des Verbundes. Diese Zusammenhänge sind ebenso im Modell nach Cox berücksichtigt. Basierend auf dem Modellansatz der Mischungsregel wurde bereits durch [Cox52] eine Erweiterung durchgeführt, sodass Einflüsse der Faserlängen auf den Elastizitätsmodul des Verbundes berücksichtigt werden können. Diese Erweiterung soll auch im neuen Modell-ansatz Anwendung finden, weshalb das Cox-Modell folgend mit den eigenen Messergebnissen validiert wird.

Der Einflussfaktor der Faserlänge η_1 wird anhand der Berechnungsvorschrift der Formel 2.2 gebildet. Das darin enthaltene β wird unter Verwendung der Formel 6.4, zur Ermittlung des Abstands der Fasern bei einer hexagonalen Anordnung, über die folgende Formel berechnet:

$$\beta = \sqrt{\frac{2 \cdot \pi \cdot G_m}{E_f \cdot A_f \cdot ln\left(\sqrt{\frac{2 \cdot \pi}{\sqrt{3} \cdot \varphi_f}}\right)}} \qquad 6.5$$

$E_f - Elastizitätsmodul\ der\ Faser$ [MPa]

$A_f - Faserquerschnittsfläche$ [µm²]

$G_m - Schubmodul\ der\ Matrix$ [MPa]

$\varphi_f - Faservolumengehalt$

$r - Faserradius$ [µm]

Die benötigten Materialkennwerte und einige geometrische Größen können dem Abschnitt 6.1 entnommen werden. Die gemessenen Faserlängen aller Faserarten variieren von 36 µm bis hin zu 3.985 µm und werden, wie in Abschnitt 5.3.7 beschrieben, zu einer arithmetisch gemittelten Faserlänge je Versuchspunkt zusammengetragen. In der Tabelle 6.10 sind die gemittelten Faserlängen der Basaltfaser-PP-Compounds aufgezeigt.

Die gemittelten Basaltfaserlängen in PP variieren von 676 µm bis zu 1.332 µm. Die Variationen der resultierenden Längen sind zum einen auf unterschiedliche Faservolumengehalte und zum anderen auf verschiedene Prozessparametervariationen im Compoundierprozess zurückzuführen (siehe Abschnitt 6.4). Die vorgestellte Variation erlaubt eine Überprüfung der Passfähigkeit des neuen Modellansatzes.

Es ist zu beobachten, dass die resultierenden Faserlängen unter Verwendung eines PA halbiert werden. Dies wird überwiegend auf den Einsatz einer Federverschlussdüse an der Spritzgießmaschine zurückgeführt. Der Einsatz der Federverschlussdüse führt somit zum gewünschten Ergebnis einer reduzierten Faserlänge gegenüber den PP-BF-Verbundmaterialien (Abbildung 6.16). Die Ursache wird im Federverschluss gesehen, dieser stellt eine erhöhte Fließbarriere dar und verringert den Kanalquerschnitt des Fließkanals während des Formfüllvorgangs. Je nach vorliegendem Druckgradienten ist der Federverschluss teilweise oder vollständig geöffnet. In Kombination mit der höchsten Schubbeanspruchung zum Zeitpunkt des Einspritzens werden Faser-Faser und Faser-Maschinenteilinteraktionen begünstigt und die Fasern brechen häufiger.

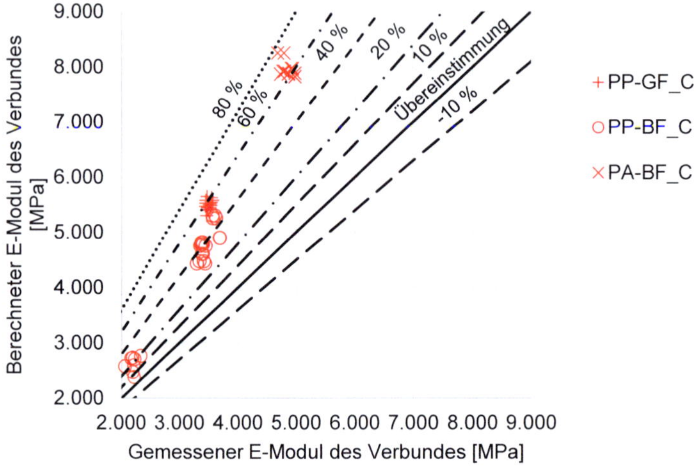

Abbildung 6.18: Vergleich berechneter und gemessener Elastizitätsmoduln der Verbunde nach dem Cox-Modell

Werden die Ergebnisse zur Berechnung der Verbundeigenschaften nach Cox verwendet, ergibt sich in der Gegenüberstellung gemessener und berechneter Elastizitätsmoduln der Verbunde die vorherigen Abbildung 6.18.

Die Gegenüberstellung berechneter und gemessener Elastizitätsmoduln der Verbunde zeigt signifikante Abweichungen im Bezug zu den gemessenen Werten zwischen 10 % und 76 %. Das Berechnungsmodell überschätzt dabei stets die gemessenen Elastizitätsmoduln der Verbunde. Ursachen werden in den Vernachlässigungen der Faserorientierung und der Haftbedingung zwischen Faser und Matrix gesehen. Der Faserorientierungseinfluss auf den E-Modul des Verbundes wird im folgenden Abschnitt über eine Erweiterung mittels Krenchelfaktor berücksichtigt.

6.8 Ermittlung der Faserorientierungsfaktoren

Die Mischungsregel mit der Modifikation von Cox wurde durch Krenchel um einen Faserorientierungsfaktor erweitert. Dieser beinhaltet den Summenwinkel der Faserorientierungen im Formteil.

$$\eta_0 = \sum a_\zeta \cdot cos^4(\zeta) \qquad \text{6.6 [Kre64]}$$

Die vier 3D-Summenwinkel ζ wurden unter der in Abschnitt 5.3.8 beschriebenen Vorgehensweise gebildet und in die Berechnung laut Formel 6.6 zu einem Orientierungsfaktor zusammengefasst.

Dabei entstanden folgende Orientierungsfaktoren nach Krenchel (Tabelle 6.11).

Tabelle 6.11: Orientierungsfaktor, ermittelt aus den Sektorwinkeln

	3D-Winkel aus Sektor				**η_0 [-]**
	1	**2**	**3**	**4**	
PP-BF	2	22	22	49	0,7924
PP-GF	14	29	29	50	0,6730
PA-BF	40	42	42	47	0,3126

Die Orientierungsfaktoren der unterschiedlichen Mischungen unterscheiden sich gravierend. Insbesondere der Vergleich zwischen PP-BF und PA-BF scheint zunächst nicht nachvollziehbar. Die vergleichende Betrachtung einzelner Schnittebenen gibt jedoch Aufschluss über die Ursache der stark abweichenden Faserorientierungen. In Abbildung 6.19 wird die XY-Ebene durch Schnittbild 2 (mittig) von PP-BF und PA-BF nebeneinander dargestellt.

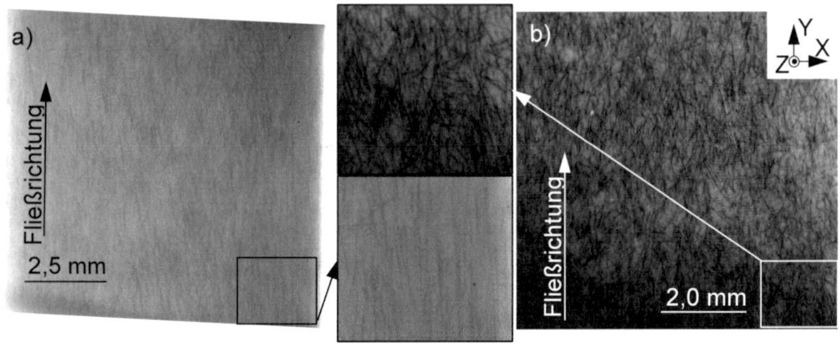

Abbildung 6.19: Vergleich der Faserorientierungen zwischen: PP-BF (a) und PA-BF (b) in der XY-Ebene am Schnittbild 2

Während die Faserorientierung des PP-BF-Schliffbildes eine ausgeprägte Faserorientierung in Fließrichtung darstellt (Abbildung 6.19 a), sind starke Winkelabweichungen zur Fließrichtung beim PA-BF (Abbildung 6.19 b) zu erkennen. In Kombination mit dem dreischichtigen Faserorientierungsbild in der YZ-Ebene ergeben sich an den Randbereichen des PP-BF Faserorientierungen zwischen 0° und 3°, bezogen auf die Fließ- und Zugbeanspruchungsrichtung. Bei PA-BF-Verbunden liegt die Faserorientierung zwischen 7° und 11°. Diese Unterschiede zwischen den Compounds sind in allen Schnittbildern zu erkennen. Die schlechtere Faserorientierung wird dem Einsatz der Federverschlussdüse zugeordnet. Die Federverschlussdüse öffnet sich druckabhängig und ein maximal geöffneter Kanal während des Einspritz- und Nachdruckvorgangs muss nicht zwangsläufig vorliegen. Die hieraus verringerten Kanalquerschnitte können Fasern effektiver verkürzen. Dies deckt sich mit der Beobachtung der deutlich geringeren Faserlängen bei den PA-BF-Verbunden. Kürzere Fasern werden lokaler über die vorliegende Schergeschwindigkeit orientiert als lange Fasern, folglich sind die Winkelabweichungen zur Fließrichtung bei kürzeren Fasern meist ausgeprägter.

Die über Sektoren ermittelten Orientierungsfaktoren werden zur besseren Vergleichbarkeit in globale Orientierungswinkel umgerechnet (Tabelle 6.12).

Tabelle 6.12: Berechnung eines globalen Orientierungswinkels aus dem Orientierungsfaktor nach Krenchel

Compound	η_0 [-]	**3D - Orientierungswinkel ζ [°]**
PP-BF	0,7924	19,351
PP-GF	0,6730	25,107
PA-BF	0,3126	41,602

Die ermittelten Orientierungswinkel sind, trotz der Übereinstimmung zwischen Fließrichtung der Schmelze, bei der Formfüllung und Zugrichtung stets größer als 19 Grad. Dies kann auf die vorliegende Quellströmung während des Füllvorganges zurückgeführt werden.

Die Kombination der Mischungsregel mit den Erweiterungen von Cox und Krenchel stellt das bis dato aktuelle Modell zur Berechnung des Zugmoduls des Verbundes der verwendeten kurzfaserverstärkten Thermoplaste dar. In Abbildung 6.20 können jedoch teilweise Abweichungen von über 25 % zwischen den gemessenen und berechneten Werten aufgezeigt werden.

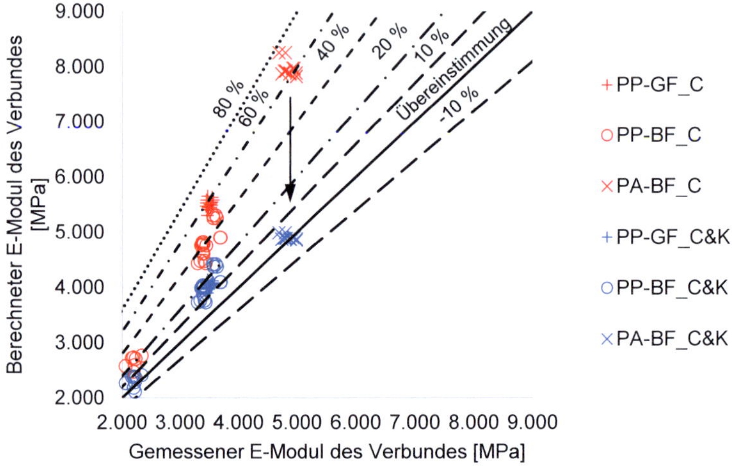

Abbildung 6.20: Annäherung berechneter und gemessener Werte durch den Faserorientierungsfaktor

In Abbildung 6.20 wird ersichtlich, dass sowohl geringe Faservolumengehalte von PP-BF als auch die Compounds aus PA-BF eine ausreichende Genauigkeit zwischen berechneten und gemessenen Werten erzielen können. Die ermittelten Abweichungen liegen häufig unter 10 %. Die Compounds aus PP-GF und PP-BF mit Faservolumengehalten von ca. 8,5 % und 7,5 % weisen jedoch Abweichungen von bis zu 25 % auf.

Die teils gravierenden Abweichungen zwischen berechneten und gemessenen Elastizitätsmoduln der Verbunde müssen eine andere Ursache haben als die Wirkung bekannter Einflussgrößen.

6.9 Sensitivitätsanalyse des Cox-Krenchel-Modells

Die festgestellten Abweichungen könnten auch mit Messwertschwankungen begründet werden. Diese Vermutung wird in diesem Abschnitt überprüft. Anhand einer Sensitivitätsanalyse werden Messwerte gezielt künstlichen Schwankungen unterzogen. Dies ermöglicht es, die zumeist komplexen Modelleinflüsse, wie zum Beispiel Messwertschwankungen, als eine Ursache für Elastizitätsmodulveränderungen zu definieren.

Für die Sensitivitätsanalyse wurde ein repräsentatives Messwert-Berechnungswert-Paar aus der PP-BF Untersuchungsreihe herangezogen. Der Messwert aus den Zugversuchen beträgt 3.560 MPa, der berechnete Wert mittels Cox-Krenchel-Modell 4.416 MPa. Die Streubreite der Eingangswerte wurde je um -5 % bis +5 % graphisch dargestellt (Abbildung 6.21).

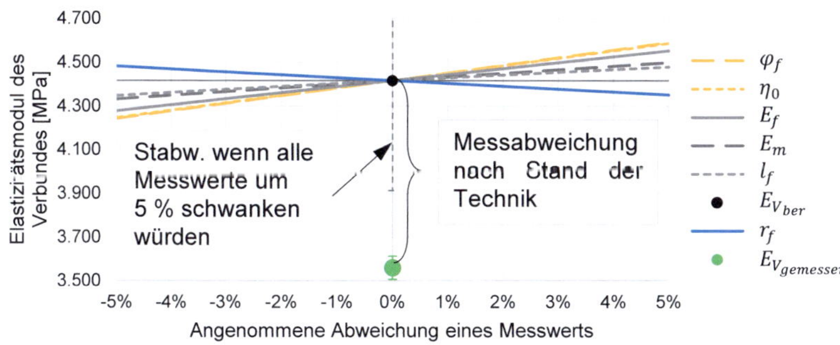

Abbildung 6.21: Sensitivitätsanalyse des Cox-Krenchel-Modells an einem Wertepaar der Messreihe PP-BF zur Analyse der Wirkung einer angenommenen Abweichung eines Messwerts auf das Ergebnis

Die Streuung eines Eingangswertes um 5 % reicht nachweislich nicht aus, um die Abweichung zwischen gemessenen und berechneten Elastizitätsmoduln des Verbundes in Einklang zu bringen. Hervorzuheben ist, dass sich bei einer fünfprozentigen Streuung eines spezifischen Eingangswertes der Ergebniswert maximal um 3,95 % bei φ_f und minimal um 1,41 % bei r_f verändert. Der Messwert des Elastizitätsmoduls ist stets größer als die resultierende Ergebniswertbeeinflussung des berechneten Elastizitätsmoduls. Das Verhalten kann als degressiv beschrieben werden. Aus den Ergebnissen lässt sich eine Reihung hinsichtlich der Intensität der Ergebniswertbeeinflussung ermitteln.

$$\varphi_f > \eta_0 > E_f > E_m > l_f > r \qquad 6.7$$

Aus der Abbildung 6.21 wird auch deutlich, dass der gemessene Elastizitätsmodul nicht erreicht wird, wenn eine Größe sogar um 10 % schwankt. Die für diesen Versuchspunkt vorliegenden Messabweichungen ergeben einen minimalen, berechneten Elastizitätsmodul des Verbundes von 3.949 MPa. Dies entspricht einem Vertrauensbereich von ± 11,42 %. Das Messergebnis von 3.560 ± 52,9 MPa wird bei 3.949 MPa weiterhin um ca. 10 % verfehlt. Die Kriterien werden weiter verschärft, indem alle Messwerte simultan um 5 % und immer in Richtung einer Annäherung des berechneten zum gemessenen Elastizitätsmoduls schwanken. Der berechnete Elastizitätsmodul des Verbundes überschätzt, mit 3.759 MPa, noch immer den gemessenen Elastizitätsmodul von 3.560 ± 52,9 MPa um 5,6 %.

Die festgestellten Abweichungen sind mit Messwertschwankungen nicht plausibel zu erklären. Mindestens ein signifikanter Einfluss muss bislang unberücksichtigt geblieben sein, der insbesondere durch die Verwendung von Polypropylen als Matrixmaterial in einem Verbundwerkstoff wirkt. Nachweislich kann mit der getroffenen Werkstoffwahl nur noch ein Effekt diese Signifikanz aufweisen: die physikalische Adhäsion an der Grenzfläche zwischen Faser und Matrix.

6.10 Betrachtung mechanischer Adhäsionseinflüsse aufgrund der Werkstoffwahl

Die mechanische Adhäsion trägt zur Grenzflächenhaftung bei, sobald eine Verhakung im Sinne einer Hinterschneidung zwischen den beiden Verbundpartnern entsteht. Die Ausprägung einer definierten Grenzschicht unterscheidet dabei die mechanische Adhäsion von der Diffusion. Beide Kriterien, definierte Grenzschicht und Hinterschneidung, sind notwendig zur Deklaration einer mechanischen Verhakung.

Eine definierte Grenzschicht entsteht zwischen allen Faser-Matrixkombinationen der verwendeten Materialien. Die Hinterschneidung muss durch einen Fügeprozess hervorgerufen werden. Faserverstärkte Thermoplaste werden im Mischprozess (Compoundierung) hergestellt (Vgl. 5.2.1). Dieser Prozess beinhaltet das Schmelzen der Matrixkomponente, das Kombinieren und Verteilen von Verstärkungsfasern sowie das Erstarren der Matrix. Die Kombination beider Materialien erfolgt stets, wenn die Matrix fließfähig ist und die Verstärkungsfaser fest vorliegt. Folglich muss die Verstärkungsfaser mindestens

Unebenheiten an der Oberfläche aufweisen, in die die Schmelze eindringen kann, um einen Beitrag am E-Modul des Verbundes zu leisten.

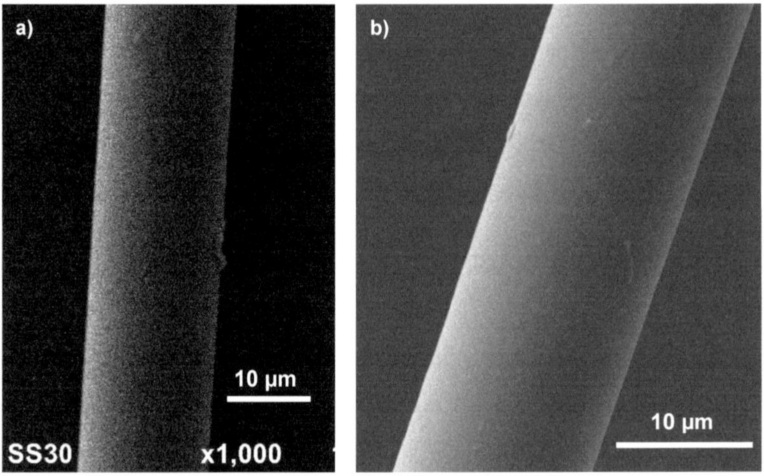

Abbildung 6.22: REM-Aufnahmen eines Glasfasersegments (a) und eines Basaltfasersegments (b)

Anhand der Abbildung 6.22 wird ersichtlich, dass weder die unverarbeitete Basaltfaser noch die Glasfaser signifikante Oberflächenrauheiten aufweisen.

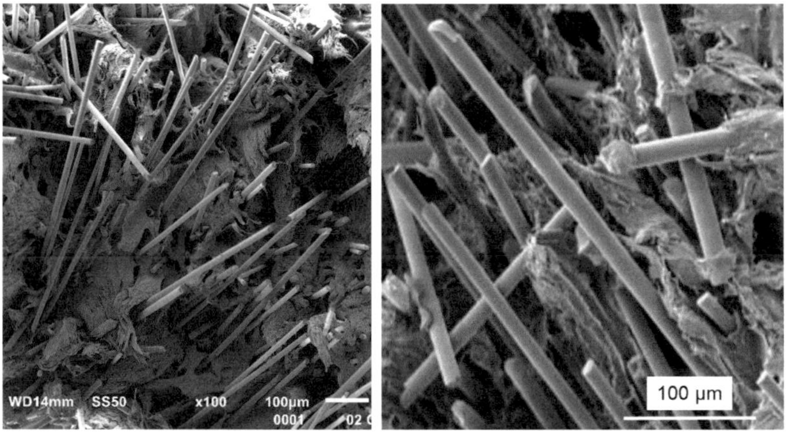

Abbildung 6.23: Bruchflächen nach dem Zugversuch eines basaltfaserverstärkten PP-Zugstabs

Untersuchungen an der Rissfläche gezogener, faserverstärkter Thermoplaste (Abbildung 6.23) zeigen zudem, dass weder der Compoundier- noch der Spritzgießprozess zu einer Oberflächenzerrüttung der verwendeten Fasern geführt haben. Der Einfluss mechanischer Adhäsion auf die untersuchten Materialkombinationen wird folglich vernachlässigt. Ebenso die mechanische Adhäsionskomponente für die gewählten Werkstoffkombinationen.

6.11 Bestimmung der Grenzflächenspannungen

In Abschnitt 4.6 wurden Berechnungsvorschriften zur Berücksichtigung der Grenzflächenhaftung in der E-Modulberechnung des Verbundes aufgestellt. Hier wird der Einfluss jeder der drei Werkstoffkombinationen auf die Grenzflächenhaftung und den E-Modul betrachtet. Die Grundlage für ein Wirken dieses Haftmechanismus ist ein Kontakt zwischen den beiden Haftpartnern.

Laut [Jia18] wird die Oberflächenspannung geschmolzener Werkstoffe stärker von der Temperatur beeinflusst als feste Werkstoffe. Dies lässt die Annahme zu, dass die Messergebnisse der Oberflächenspannung bei Raumtemperatur eine ausreichende Aussage über die Benetzung bei Schmelztemperatur der Matrix geben können. Bedingung ist, dass die Gesamtoberflächenspannungen der Kunststoffe bei 23 °C gleich oder geringer ist als die der Verstärkungsfasern bei 23 °C. Dies trifft für die untersuchten Materialien zu und kann der Abbildung 6.24 entnommen werden.

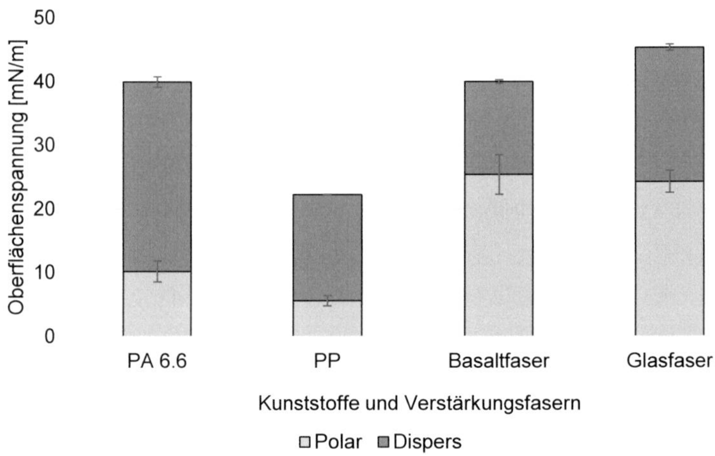

Abbildung 6.24: Übersicht gemessener Oberflächenspannungen der verwendeten Kunststoffe und Verstärkungsfasern bei 23 °C

Aufgrund des recherchierten Zusammenhangs (vgl. Abschnitt 4.5) und der Oberflächenspannungsmessungen an den verwendeten Materialien kann stets von einer spreitenden Benetzung der Kunststoffschmelze auf der Faseroberfläche ausgegangen werden.

Werden die Oberflächenspannungen der Werkstoffe gemäß der Formel von [Owe69] zur resultierenden Grenzflächenspannung kombiniert, kann die Abbildung 6.25 erstellt werden.

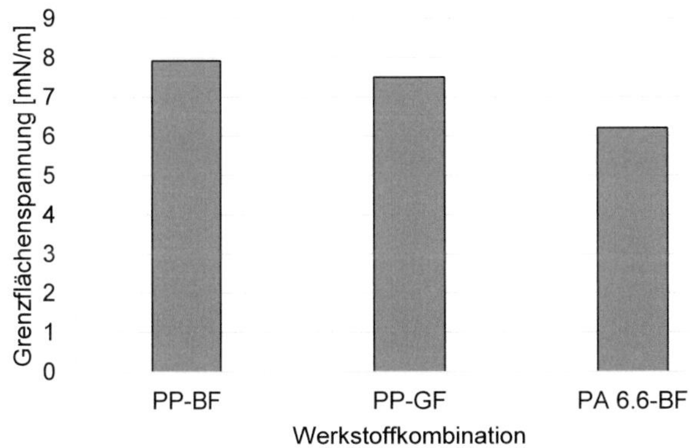

Abbildung 6.25: Grenzflächenspannung anhand der Messergebnisse der gemessenen Oberflächenspannungswerte

Die Grenzflächenspannungen der drei Werkstoffkombinationen unterscheiden sich wie erwartet, jedoch sind die vorhandenen Grenzflächenspannungsunterschiede niedriger als zum Zeitpunkt der Werkstoffauswahl vorhergesagt. Die Abweichungen können auf eine zu der Literatur abweichenden Schlichte- und Thermoplast-Zusammensetzung zurückgeführt werden. Dennoch lassen die Unterschiede der Grenzflächenspannungen eine Modellierung des physikalischen Adhäsionsfaktors η_{phy} sowie einer globalen Proportionalitätskonstante ω zu. Anhand der höheren Grenzflächenspannungen ist zu erwarten, dass die Werkstoffkombinationen mit dem Thermoplast PP geringere Adhäsionskräfte an der Grenzfläche ausbilden. Dies hätte zur Folge, dass trotz vollständiger Benetzung ein verminderter Dehnwiderstand in der Grenzfläche vorliegt. Der Elastizitätsmodul des Verbundes ist folglich geringer als die berechneten Werte nach dem Modell von Cox und Krenchel.

6.12 Ermittlung eines globalen Omega

Der Ausschluss von Diffusion, mechanischer Verhakung, faserbedingt veränderter Kristallisationsgrade sowie die Sicherstellung größter Sorgfalt in der Kennwertermittlung lassen den Schluss zu, dass die verbleibenden Abweichungen auf eine verminderte physikalische Adhäsion zurückzuführen sind. Die benötigten Kennwerte sind in den vorhergehenden Abschnitten bestimmt worden und werden nun verwendet, um die globale Proportionalitätskonstante ω zu definieren. Die Justierung des neuartigen Berechnungsansatzes kann nun erfolgen.

Wird die Formel 4.8 mit der Formel 4.9 kombiniert und nach Omega umgestellt entsteht die folgende Formel:

$$\omega = -\frac{\gamma_2 \cdot \ln \dfrac{E_V - E_m \cdot \left(1 - \varphi_f\right)}{E_f \cdot \varphi_f \cdot \eta_1 \cdot \eta_0}}{\gamma_{12}} \tag{6.8}$$

Für die Ermittlung der Konstante Omega werden die Messreihen aller PP-BF-Compounds mit einem Faservolumengehalt größer als 6 % zu Grunde gelegt. Daraus ergibt sich ein rechnerischer Wert von:

$$\omega = 0{,}66247 \tag{6.9}$$

Im gewählten Wertebereich ergeben sich maximale Abweichungen in den Einzelwerten der Elastizitätsmoduln der Verbunde von -6,6 % bis

5,6 %. Dies ist wenig verwunderlich, bedenkt man die Vielzahl an einfließenden Parametern sowie die Verwendung von Mittel- und Rundungswerten.

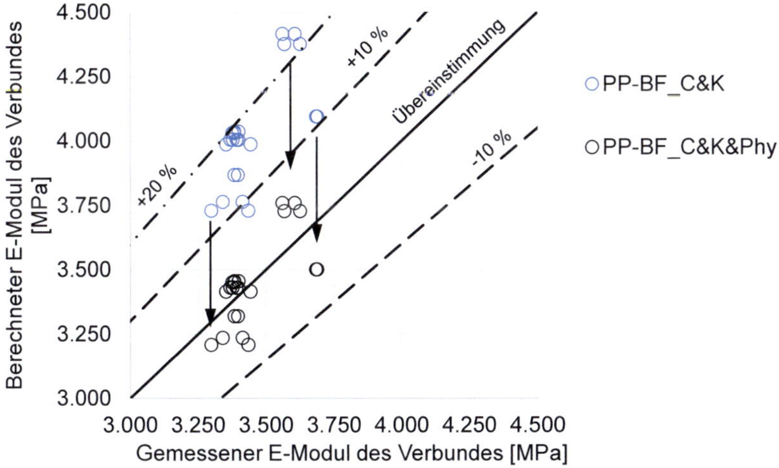

Abbildung 6.26: Lokale Anwendung des ermittelten Omega: Vergleich gemessener und berechneter E-Moduln; Ausgangsmodell (blau) und neuartiger Modellansatz (schwarz)

Das neu gebildete Omega wird nun mit den Ergebnissen der Oberflächenspannungsmessungen zur Berechnung der Elastizitätsmoduln der Verbunde genutzt.

6.13 Anwendung des globalen Omega und des erweiterten Modells

Die Kennwerte und Proportionalitätskonstante für die Nutzung des erweiterten Modells sind inzwischen bekannt. Die in Abschnitt 6.12 gebildete, globale Proportionalitätskonstante Omega (siehe Formel 6.9) wird auch für die verbleibenden Materialkombinationen verwendet. Die

Ergebnisse der Berechnungen wurden stets den Messwerten gegenübergestellt. Das Resultat ist in der Abbildung 6.27 dargestellt.

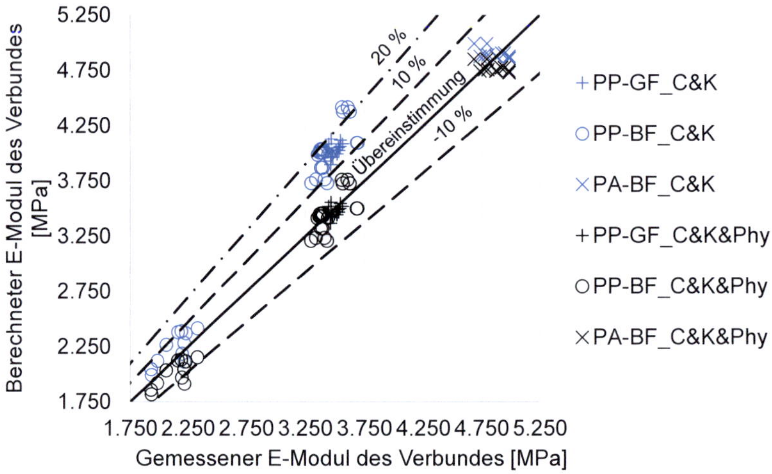

Abbildung 6.27: Vergleich zwischen den Berechnungsmodellen Cox-Krenchel und Cox-Krenchel-Phy anhand der Gegenüberstellung von berechneten zu gemessenen Elastizitätsmoduln der Verbunde

Alle berechneten Elastizitätsmoduln der Verbunde mit einem Faservolumengehalt größer als 7 % liegen im Vertrauensbereich von ± 10 % des Messwertes aus dem Zugversuch. Dabei ist zu berücksichtigen, dass auch die gemessenen Elastizitätsmoduln der Verbunde Streuungen unterliegen, die teilweise über 2 % liegen können. Die Erweiterung der Berechnungsvorschrift um die vorhandenen Oberflächenspannungen präzisiert die Berechnungsergebnisse aller getesteter Materialkombinationen. Wird die Materialkombination PA-BF separat betrachtet, scheint der Aufwand der Oberflächenspannungsbestimmung der Wirkung in der Anpassung der Rechenwerte an die Messwerte nicht gerechtfertigt, ganz im Gegenteil zu den Veränderungen bei den Materialkombinationen PP+BF und PP+GF, bei denen Abweichungen von ca. 25 % und 18 % auf unter 10 % und 4 % reduziert werden. Bei Faservolumengehalten unter 3 % wird voraussichtlich der Einfluss der Faserlänge vom Cox-Modellanteil unterschätzt, sodass die Messwerte über den berechneten Elastizitätsmodulwerten liegen. Aufgrund der anwendungsnahen Faservolumengehalte zwischen 15 Gew.-% (ca. 5,5 Vol.-%) und 22 Gew.-% (ca. 8,5 Vol.-%) wird von einer Berücksichtigung niedrigerer Faservolumengehalte als 5 % abgesehen.

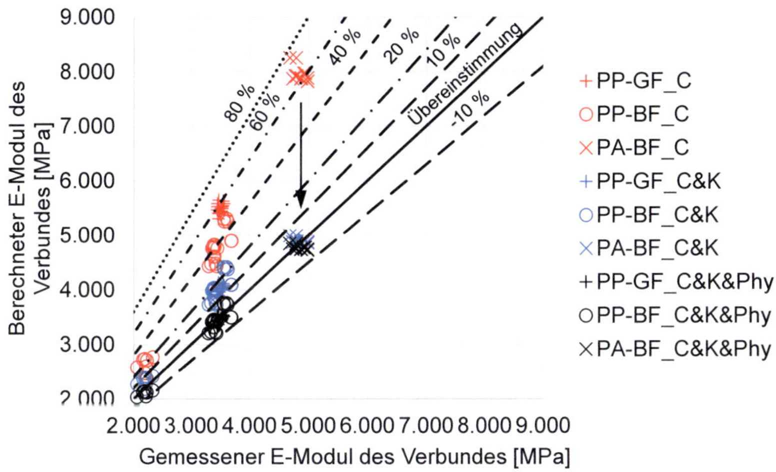

Abbildung 6.28: Grafische Darstellung der Potentiale beim Einsatz faserverstärkter Thermoplaste

Anhand der unterschiedlichen Modellevolutionen ist der Effekt der jeweiligen Einflussgröße auf den resultierenden und kombinationsspezifischen E-Modul des Verbundes abzulesen. Während das verwendete PA 6.6 geringere Grenzflächenspannungen mit der Basaltfaser erzeugt, weisen die restlichen Materialkombinationen erhöhte Defizite in der Grenzflächenhaftung auf. Dies wirkt sich auf den resultierenden Elastizitätsmodul des Verbundes aus, da der Anteil der physikalischen Adhäsion geringer ist als bei den PA-BF-Materialkombinationen.

Tabelle 6.13: Mittelwerte des Effizienzfaktors der physikalischen Adhäsion

Materialkombination	PP-BF	PP-GF	PA-BF
η_{phy}	0,8067	0,8163	0,9041

Die Abbildung 6.28 zeigt, dass mittlere Faserlängen unter 500 µm wie im PA-BF Compound zu einer verminderten Faserorientierung führen. Die Faserorientierungsmessung des Compounds belegt, dass die Faserorientierung einer quasiisotropen Orientierung ähnelt. Dadurch verliert der Verbund einen Großteil der Verstärkungswirkung in der Zugbeanspruchung. Bei dieser Materialkombination kann dies zum einen an der vorhandenen Federverschlussdüse sowie am veränderten Fließkanal und zum anderen an der geringeren, mittleren Faserlänge liegen. Kürzere Fasern können im Fließkanal und der Kavität leichter rotieren und werden in geringerem Maß von der Schergeschwindigkeit orientiert. Die Orientierung in Fließrichtung kann zusätzlich durch die Quellströmung im Kanal leichter verändert werden.

6.14 Sensitivitätsanalyse des neuen Modellansatzes

Die Sensitivitätsanalyse am neuen Modell hat das Ziel zu prüfen, ob die Messwerte in den Vertrauensbereich des Modells fallen. Zusätzlich gibt sie Auskunft über die Vorhersagegenauigkeit, wenn alle Werte in deren maximalen Standardabweichungen in Richtung einer E-Modulsteigerung oder -reduktion schwanken. Der in Abschnitt 6.9 gewählte

Messpunkt wird erneut herangezogen und mit dem neuartigen Modellansatz berechnet.

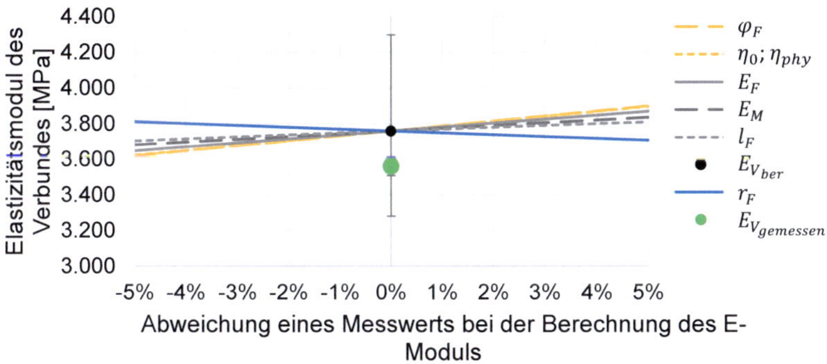

Abbildung 6.29: Sensitivitätsanalyse des neuen Modells an einem Wertepaar der Messreihe PP-BF zur Analyse der Wirkung einer angenommenen Abweichung eines Messwerts auf das Ergebnis

Der mit dem neuen Modell berechnete Elastizitätsmodul des Verbundes unterscheidet sich in ca. 200 MPa vom Messwert und liegt innerhalb der Standardabweichung des neuen Modell-ansatzes. Der Vertrauensbereich ergibt sich aus der Grenzwertbetrachtung der maximalen Abweichungen der verwendeten Messgrößen und ist beim neuen Modell kleiner als ±14,33 %. Schlussfolgernd gleicht der neue Modellansatz das Berechnungsergebnis um über 10 % an die Messergebnisse an. Dabei bringt dieser lediglich eine Messungenauigkeit von ca. 3 % in die Berechnung ein.

6.15 Anwendung des neuen Modellansatzes auf Literaturwerte

[Cri03] untersuchte die Abreißfestigkeit zwischen dem Verbund aus Polypropylen, Polythiophen und Kupfer. [Cri03] dokumentierte die

Oberflächenspannungswerte des Polypropylens sowie dessen Änderung durch Modifikationen, wie beispielsweise Plasmavorbehandlungen. Im Anschluss wurde stets Polythiophen (PT) auf das PP appliziert und die Beschichtung mit Kupfer (Cu) galvanisiert. Die Änderungen der Vorbehandlungen am PP sollten sich laut [Cri03] auf die Abreißfestigkeit auswirken. Die hier getroffene Annahme einer, bei gleicher Dehnung, veränderten Haftfestigkeit geht mit einer entsprechenden Moduländerung einher. Drei Poly-propylene werden verwendet, ein Grundmaterial ohne Füll- und Verstärkungsstoffe (N 02), eins mit Nukleierungsmitteln und Antistatika (N 84) und eins mit 0,4 % Maleinsäureanhydrid (E 15). [Cri03] stellte insbesondere Verbesserungen im Vergleich der PP-Grundwerkstoffe in Kombination mit der Vorbehandlung fest.

Tabelle 6.14: Betrachtung der Oberflächenspannungseinflüsse an PP-Beschichtungen gegenüber der resultierenden Abreißfestigkeit von galvanisiertem Kupfer

Plasmamodifizierung	N 02				N 84			
	η_{phy}	Grenzflächenverlust	Abreißfestigkeit [MPa]	Stabw. [MPa]	η_{phy}	Grenzflächenverlust	Abreißfestigkeit [MPa]	Stabw. [MPa]
- unbehandelt	0,73	27,2 %			0,78	22,0 %		
- 10s Sauerstoff	0,96	3,8 %	1,2	0,4	0,97	2,7 %	1,5	0,3
- 30s Sauerstoff	0,95	5,1 %			0,96	4,1 %		
- 60s Sauerstoff	0,94	6,5 %			0,95	5,4 %		
- 30s Stickstoff	0,96	4,4 %			0,96	4,2 %		
- 60s Stickstoff	0,97	3,2 %	0,8	0,3	0,97	2,8 %	1,1	0,2
- 120s Stickstoff	0,97	3,0 %			0,97	2,7 %		
- 30s Helium	0,90	9,7 %			0,92	8,4 %		
- 60s Helium	0,95	4,7 %			0,95	4,6 %	0,8	0,1
- 120s Helium	0,96	4,1 %			0,96	3,8 %		
- 60s Helium & 10s Sauerstoff	0,95	5,0 %	1,1	0,2	0,98	1,7 %	1,5	0,3
- 60s Helium & 60s Stickstoff	0,95	4,8 %	0,8	0,2	0,97	3,2 %	0,9	0,3

Plasmamodifizierung	E 15			
	η_{phy}	Grenzflächenverlust	Abreißfestigkeit [MPa]	Stabw. [MPa]
- unbehandelt	0,83	16,9 %		
- 10s Sauerstoff	0,99	1,4 %	1,5	0,2
- 30s Sauerstoff	0,98	2,2 %		
- 60s Sauerstoff	0,97	3,3 %	0,8	0,2
- 30s Stickstoff	0,97	3,0 %		
- 60s Stickstoff	0,98	2,2 %	1,0	0,1
- 120s Stickstoff	0,98	1,9 %		
- 30s Helium	0,94	6,1 %		
- 60s Helium	0,99	1,5 %	1,1	0,3
- 120s Helium	0,99	1,5 %		
- 60s Helium & 10s Sauerstoff	0,98	2,2 %	1,6	0,3
- 60s Helium & 60s Stickstoff	0,97	2,5 %	1,0	0,3

In Tabelle 6.14 sind die ermittelten Effizienzfaktoren der physikalischen Adhäsion η_{Phy} und die dokumentierten Abreißfestigkeiten dargestellt. Der Einfluss der physikalischen Adhäsion anhand des Effizienzfaktors η_{Phy} ist dem Grenzflächenverlust ebenso gegenübergestellt. Leider wurden von [Cri03] nicht alle Kombinationen anhand der resultierenden Abreißfestigkeit getestet, sodass Abreißfestigkeiten bei Kombinationen mit großen Änderungen der physikalischen Adhäsion fehlen. Alle aufgezeigten Kombinationsmöglichkeiten der Betrachtung PP-PT-Cu am Beispiel der Galvanisierung sind der folgenden Abbildung zu entnehmen.

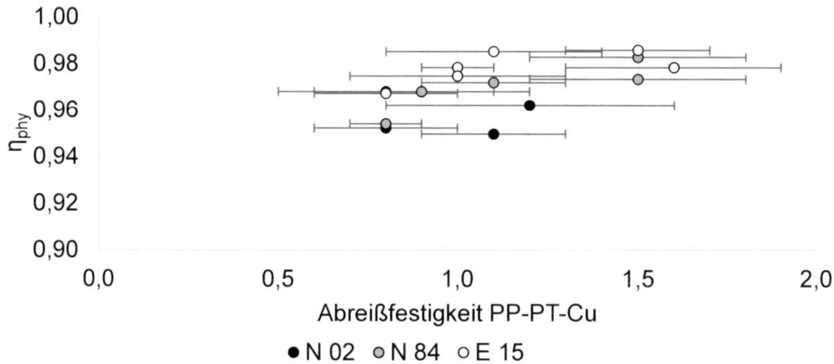

Abbildung 6.30: Darstellung des Effizienzfaktors η_{Phy} zur resultierenden Abreißfestigkeit von Polypropylen und Polythiophen mit einer nachgelagerten Kupfergalvanisierung; Werte aus [Cri03]

Unabhängig von den verschiedenen Plasmavorbehandlungen konnte anhand der dokumentierten Werte die Effizienz der physikalischen Adhäsion in der Grenzfläche zur PT-Beschichtung aufgezeigt werden. Die höchste Kompatibilität der Oberflächenspannungen wurde bei dem Material E 15 festgestellt. Die geringste Effizienz erzielte das Grundmaterial N 02.

Die hohen Standardabweichungen der Ergebnisse aus Abbildung 6.30 lassen keine Korrelation zwischen der physikalischen Adhäsion und der Abreißfestigkeit zu. Anhand der Gegenüberstellung kann der in dieser Arbeit aufgestellte Zusammenhang nicht widerlegt werden.

Die Untersuchung von [Liu08] verglich in Polyamid 6 eingebettete Basaltkurzfasern unterschiedlicher Oberflächenmodifizierungen. Dabei wurden mit H_2O entschlichtete Basaltfasern verglichen mit H_2O entschlichteten und APS/EP modifizierten Basaltfasern. Bei ersterem wies [Liu08] einen Elastizitätsmodul des Verbundes von 8.750 MPa nach. Dabei übertraf der Elastizitätsmodul der nur entschlichteten Faser den der APS/EP-Modifikation um ca. 200 MPa sobald der Faservolumengehalt rechnerisch angeglichen wurde. Werden die Oberflächenspannungen der beiden Basaltfasermodifikationen verglichen, fällt auf, dass sich diese kaum voneinander unterscheiden (Tabelle 6.15). In Kombination mit den von [Wu71] ermittelten Oberflächenspannungswerten für PA 6 wird ersichtlich, dass der physikalische Adhäsionsfaktor zum einen nahezu gleich ist und zum anderen sogar in die gleiche Richtung abweicht (Tabelle 6.15). Die plasmabehandelten Basaltfasern wiesen einen geringeren physikalischen Adhäsionsfaktor aus, wobei keine Elastizitätsmodulwerte des „PA 6-BF + O_2-Plasma" dokumentiert wurden und ein Vergleich dieser einen Modifikation aufgrund der fehlenden Werte scheitert.

Tabelle 6.15: Betrachtung der Untersuchung von [Liu08] unter Berücksichtigung der physikalischen Adhäsion η_{phy} anhand der Oberflächenspannungsmittelwerte von [Liu08] und [Wu71]

Basaltfasern [Liu08]				PA 6 [Wu71]			
BF-Oberfläche	γ_1^d	γ_1^p	γ_1	γ_2^d	γ_2^p	γ_2	η_{phy}
Ausgangsmaterial	19,74	19,45	39,19	34,967	12,933	47,9	0,962
Entschlichtet mit H_2O	25,09	9,1	34,19	34,967	12,933	47,9	0,984
Entschlichtet + APS/EP	23,89	8,51	32,40	34,967	12,933	47,9	0,979
Ausgangsm. + O_2- Plasma	18,72	24,11	42,83	34,967	12,933	47,9	0,943

Die Werte für den Faservolumengehalt, der -länge, der –orientierung, des -radius und der Moduln der Verbundkomponenten werden aus der Untersuchung von [Liu08] verwendet, um das in dieser Arbeit vorgestellte Modell und die Vorgehensweise zu prüfen (Tabelle 6.16).

Tabelle 6.16: Werte aus der Veröffentlichung [Liu08]

Parameter	**Mit H_2O entschlichtet**	**Entschlichtet + APS/EP**
Faservolumengehalt [Vol.-%]	13,24	11,73
Faserlänge [µm]	355,4	364,1
Faserorientierungsfaktor [--]	0,91	0,88
Faserradius [µm]	9,65	9,60
E-Modul der Faser [MPa]	89.000	89.000
E-Modul der Matrix [MPa]	3.000	3.000

Unter Einsatz der zuvor ermittelten physikalischen Adhäsionsfaktoren und des vorgestellten Modellansatzes werden nun die E-Moduln der Verbunde aus der Veröffentlichung von [Liu08] berechnet. Für die rein entschlichteten Fasern ergibt sich ein berechneter E-Modul des Verbundes von 8.584,47 MPa (8.750 MPa nach [Liu08]) und für APS/EP beschichtete Fasern ein Modul des Verbundes von 7.771,61 MPa (7.900 MPa nach [Liu08]). Beide berechneten Werte weichen weniger als 2 % vom Messwert ab und bestätigen den neuen Berechnungsansatz.

6.16 Potentiale des erweiterten Modells

Aufgrund der Modellevolution ist es inzwischen möglich, nicht nur den theoretischen Einfluss der Faserlänge, Faserorientierung und des Faservolumengehaltes auf die Verbundeigenschaften zu berechnen, sondern zusätzlich die Reduktion des Elastizitätsmoduls des Verbundes aufgrund der vorliegenden Haftsituation zu bewerten. Dieser Kenntniszuwachs ermöglicht es, einen Zielkorridor für die zu harmonisierenden Oberflächenspannungen der Verbundpartner zu berechnen und einen geeigneten Haftvermittler inklusive dessen Dosierung zu bestimmen. Ein weiterer Vorteil liegt in der vereinfachten Anwendung, da im Gegensatz zur Bestimmung der interlaminaren Scherfestigkeit die Oberflächenspannungsanteile der Verbundpartner einmalig bestimmt werden müssen. Anschließend können die Werte der potentiellen Verbundpartner ohne weitere Messungen verglichen werden, sodass eine Aussage über die Grenzflächenhaftung und eine Notwendigkeit eines Haftvermittlers nach einmaligen Messaufwand vereinfacht getroffen werden kann.

Anhand eines 3D-Diagramms kann die Effektivität der Grenzfläche auf den Elastizitätsmodul anhand der Grenzflächenenergie über die dispersen und polaren Oberflächenspannungsverhältnisse bei Einsatztemperatur dargestellt werden. Vereinfachend wird bei der dispersen Oberflächenspannung nur der Feststoffanteil variiert, um das entsprechende Verhältnis zu erzwingen. Beim polaren Oberflächenspannungsverhältnis wird dagegen nur der Anteil der Flüssigkeit verändert. Dies kann zu geringfügigen Abweichungen gegenüber der direkten Eingabe gemessener Oberflächenspannungswerte führen.

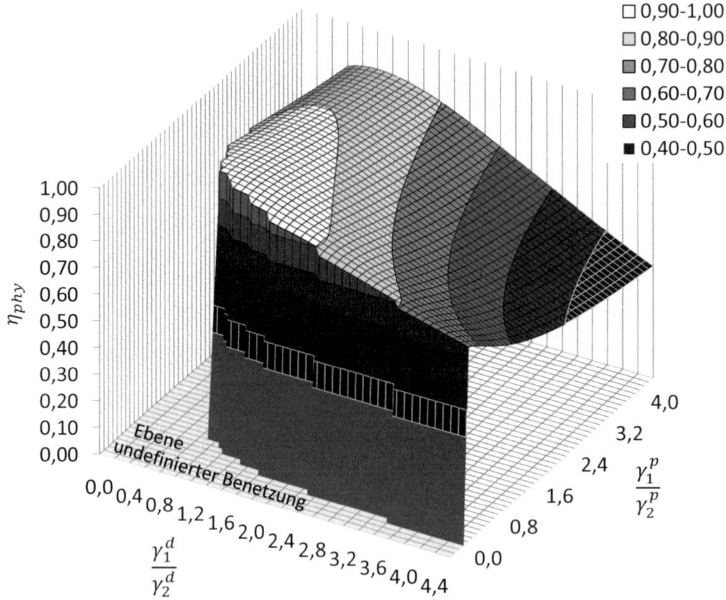

Abbildung 6.31: Physikalischer Adhäsionsfaktor als Funktion der polaren und dispersen Oberflächenspannungsverhältnisse

Des Weiteren existiert in der Darstellung eine „Ebene undefinierter Benetzung“. Diese wird in der Darstellung erzwungen, da in diesem Messbereich die Grundannahme einer vollständigen Benetzung durch Spreiten des Thermoplasts bei Verarbeitungstemperatur auf der Faseroberfläche nicht sichergestellt werden kann. Das bedeutet, dass die Effektivität der Grenzflächenhaftung zwar beschrieben werden kann, jedoch unklar ist, ob der Betrag vollständig oder nur an einem Teil der verfügbaren Grenzfläche zwischen Faser und Matrix wirkt.

7 Zusammenfassung und Ausblick

Im Rahmen der Arbeit wurden die physikalischen Adhäsionskräfte zwischen den Verstärkungsfasern und der Matrix allgemeingültig beschrieben und deren Einfluss auf den Elastizitätsmodul des Verbundes aufgezeigt. Hierfür mussten Formteile mit Hilfe des Spritzgießverfahrens hergestellt werden. Der Elastizitätsmodul des Verbundes wurde messtechnisch erfasst und mit Ergebnissen aus Berechnungsmodellen verglichen. Anschließend konnte ein Modell entwickelt werden, das nachweislich die Einflüsse der physikalischen Adhäsion berücksichtigt und den E-Modul des Verbundes berechnet. Zur Abbildung eines weiten Anwendungsspektrums wurden die Untersuchungen mit unterschiedlichen Verstärkungsfasern (Basaltfasern, Glasfasern), deren Volumenanteil und deren Geometrie sowie mit unterschiedlichen Kunststoffmatrices (Polypropylen, Polyamid 6.6) durchgeführt.

Die Materialauswahl erfolgte mit dem Ziel, die Einflüsse chemischer Adhäsion, mechanischer Verhakung und Diffusion vernachlässigen zu können. Mittels der Erkenntnisse der Literatur, bildgebenden und thermischen Messverfahren konnten geeignete Werkstoffe ermittelt werden. Dies ermöglichte es, den Einfluss der physikalischen Adhäsion sowie die verursachten Defizite bei spezifischen Werkstoffkombinationen aufzudecken. Dazu wurden bekannte Messparameter zur Beschreibung der physikalischen Adhäsion genutzt, um die Adhäsionsunterschiede durch die Verbundpartnerkombination variieren zu können. Dabei musste sichergestellt werden, dass eine vollständige Benetzung der Matrix an der Faseroberfläche gewährleitet werden konnte.

Die Benetzungssituation der Matrix an der Faser wurde anhand bekannter Zusammenhänge hinreichend beschrieben, sodass stets die betrachteten Verbundmaterialien eine vollumfängliche Kontaktfläche der Matrix auf der Faseroberfläche, zum Zeitpunkt der E-Modulmessung, aufwiesen. Effekte einer unzureichenden Benetzung zwischen Faser und Matrix konnten für die Untersuchungen ausgeschlossen werden. Mit dem erfolgreichen Ausschluss E-Modul-beeinflussender Adhäsionseffekte war es möglich einen direkten Zusammenhang zwischen gemessenem E-Modul des Verbundes und der Grenzflächenspannung in der Faser-Matrix-Grenzfläche zu ermitteln.

Über den Abgleich der Oberflächenspannungsanteile der Verbundpartner erfolgte eine Berechnung der Grenzflächenspannung zwischen Faser und Matrix. Beim Vergleich der Grenzflächenspannungen mit den Abweichungen zwischen dem jeweilig gemessenen und berechneten E-Modul des Verbundes konnte eine Korrelation festgestellt werden.

Unter Angliederung des physikalischen Adhäsionsfaktors am Elastizitätsmodul der Faser wurde eine Proportionalitätskonstante errechnet, der eine globale Beschreibung des Einflusses physikalischer Adhäsion am E-Modul des Verbundes faserverstärkter Thermoplaste ermöglichte. Mit der anschließenden Validierung konnte der globale Charakter des Berechnungsmodells untermauert werden.

Aus dieser Arbeit ergeben sich Fragestellungen für nachfolgende Untersuchungen, um das Verständnis des Verbundverhaltens zu vertiefen und um das vorgestellte Modell auf weitere Werkstoffgruppen anwenden zu können.

- Der Einfluss einer rauen Faseroberfläche ist bislang nicht berücksichtigt und kann sich auf den resultierenden E-Modul des Verbundes auswirken. Unter welchen Voraussetzungen eine raue Oberfläche einen E-Modul-steigernden oder -reduzierenden Effekt erzeugt, wurde bislang nicht untersucht.
- Ob sich die physikalische Adhäsion auch auf die Verbundfestigkeit auswirkt, konnte nicht festgestellt werden.
- Der Einfluss von Alterungserscheinungen, schwingenden Beanspruchungen, Beständigkeit gegenüber Medien und Temperatur muss betrachtet werden, um das Verständnis zwischen physikalischer Adhäsion und den Verbundeigenschaften zu erweitern.
- Der Beitrag physikalischer Adhäsion zwischen Drei- und Mehrwerkstoffsystemen aus beispielsweise Fasern, Kugeln und Matrix ist unbekannt. Diese Werkstoffkombinationen können Leichtbaukennzahlen, wie die Dehnlänge, weiter steigern.

III Literaturverzeichnis

[Ada84] Adams, R.D.; Wake, W.C.: Structural Adhesive Joints in Engineering, Elsevier Applied Science Publisher, 1984

[Ada97] Adams, R.D.; Comyn, J.; Wake, W.C.: Structural Adhesive Joints in Engineering, Chapmann and Hall, Springer Vieweg Verlag, London, 1997

[Adv87] Advani, SG; Tucker, CL: The use of tensors to describe and predict fiber orientation in short fiber composites, Journal of Rheology, Vol. 31, S. 751-784, 1987

[Ale98] Alewelt, W.; Bottenbruch, L.; Becker, GW: Technische Thermoplaste: Polyamide, Kunststoff Handbuch, Hanser Verlag, 1998

[And16] Andre, NG; Ariawan, D.; Ishak, ZA M.: Elastic anisotropy of kenaf fibre and micromechanical modeling of nonwoven kenaf fibre/epoxy composites, Journal of reinforced plastics & composites, Vol. 35, S. 1424-1433, 2016

[Aur00] Aurich, T.: Spritzgießen und resultierende Verbundeigenschaften von flachsfaserverstärktem Polypropylen, Technische Universität Chemnitz, Chemnitz, Diss., 2000

[AVK14] AVK - Industrievereinigung Verstärkte Kunststoffe e.V. (Hrsg.): Handbuch Faserverbundkunststoffe/Composites, Grundlagen, Verarbeitung, Anwendung, Springer Vieweg Verlag, 4. Auflage, 2014

[Bal12] Balart, R.; Sánchez-Nácher, L.; España, J.M.; Fombuena, V.; Balart, J.: Improvement of adhesion properties of polypropylene substrates by methyl methacrylate UV photografting surface treatment, Material & Design, Vol. 33, S. 1-10, 2012

[Bas03] Bashtannik, P. I.; Kabak, A. I.; Yakovchuk, Y. Y.: THE EFFECT OF ADHESION INTERACTION ON THE MECHANICAL PROPERTIES OF THERMOPLASTIC BASALT PLASTICS, Mechanics of Composite Materials, Vol. 39, Nr. 1, S. 85-88, 2003

[BAS20] BASF SE (Hrsg.): Technisches Datenblatt - Ultramid A3K PA66, Ludwigshafen, 2020

[Ber81] Bertsche, B.; Marwitz, H.; Ihle, H.; Frank,R.: Entwicklung zuverlässiger Produkte, In: Konstruktion Jg.50, Heft 4, S. 43–44, 1981

[Bez10] Bezerra, Juliana S., Cruz, Manuel E., and Matt, Carlos F. "Influence of Fiber Orientation and Aspect Ratio on the Effective Conductivity of Parallelepipedonal-Cell Short-Fiber Composites." Proceedings of the 2010 14th International Heat Transfer Conference, 14th International Heat Transfer Conference, Vol. 3, Washington, D.C., USA, S. 351-360, 2010

[Bir16] Birr, T.: Verarbeitung von langglasfaserverstärkten Thermoplasten für Spritzgussanwendungen auf dem Planetwalzenextruder, Technische Universität Berlin, Berlin, Diss., 2016

[Bis83] Bischof, C.; Possart, W.: Adhäsion - Theoretische und experimentelle Grundlagen, Akademie-Verlag, Berlin 1983

[Ble95] Bletsch, S.: Untersuchungen zum Haftverhalten von Kunststoffen an beheizten Oberflächen im Hinblick auf die Entwicklung eines Sortierverfahrens für Kunststoffgemische, Verlag Mainz, Wissenschaftsverlag, Aachen, 1995

[Ble99] Bledzki, A.K.; Mildner, I.: Transkristallisation in naturfaserverstärktem Polypropylen, die angewandte makromolekulare Chemie, Wiley-VCH Verlag Weinheim, Vol. 272, S. 27-33, 1999

[Bon16] Bonnet, M.: Kunststofftechnik, Grundlagen, Verarbeitung, Werkstoffauswahl und Fallbeispiele, Springer Vieweg Verlag , Wiesbaden, 3. Auflage, 2016

[Bor13] Borysiak, S.: Fundamental Studies on Lignocellulose/Polypropylene Composites: Effects of Wood Treatment on the Transcrystalline Morphology and Mechanical Properties, Journal of Applied Polymer and Science, Wiley Periodicals, 2013

[BOR17] Borealis AG (Hrsg.): Technisches Datenblatt - Polypropylene BC612WG, Wien, 2017

[Bri96] Brinkmann, S.: Verbesserte Vorhersage der Verbundfestigkeit von 2-Komponenten-Spritzgussbauteilen, Rheinisch-Westfälische Technische Hochschule Aachen, Aachen, Diss., 1996

[Bro69] Brockmann, W.: Über Haftvorgänge beim Metallkleben, ADHÄSION 13, Heft 9, S.335-342, 1969

[Bru20] Brüggemann, H.; Bremer, P.: Grundlagen Qualitätsmanagement - Von den Werkzeugen über Methoden zum TQM, 3. Auflage, Springer Vieweg Verlag, Wiesbaden, 2020

[Car01] Carre, A.; Shanahan, M. E. R.: Viscoelastic braking of a running drop, Langmuir, Vol. 17, Nr. 10, S. 2982-2985, 2001

[CER16] Ceresana (Hrsg.): Marktstudie Polypropylen, Konstanz, 2016

[Che13] Chen, L.: Dynamic Wetting by Viscous Liquids: Effects of Softness, Wettability and Curvature of the Substrate and Influence of External Electric Fields, Technische Universität Darmstadt, Fakultät Masschinenbau, Diss., 2013

[Cor18] Cordin, M.; Bechtold, T.; Pham, T.: Effect of fibre orientation on the mechanical properties of polypropylene–lyocell composites, Cellulose Vol. 25, Issue 12, S. 7197–7210, Springer Vieweg Verlag, 2018

[Cox52] Cox, HL: Elasticity and strength of paper and other fibrous materials, British Journal of Applied Physics, Vol. 3, S. 72-79, 1952

[Cri03] Crimmann, P.: Grenzflächenmodifizierung und –analyse im Polypropylen-Kupfer-Verbund, Mathematisch-Naturwissenschaftlich-Technische Fakultät, Martin-Luther-Universität Halle-Wittenberg, Halle (Saale), Diss., 2003

[Day03] Dayal, V.; Otterloo, D.L.V.: How isotropic are quasi-isotropic laminates, Composites Part A: Applied Science and Manufacturing, Vol. 34, Heft 1, S. 93-103, 2003

[Dem94] Demarquette, NR; Kamal, MR: Interfacial Tension in Polymer Melts. I: An Improved Pendant Drop Apparatus, Polymer Engineering and Science, Vol. 34, Nr. 24, 1994

[DIN12a] Deutsches Institut für Normung e. V. (Hrsg.): DIN EN ISO 527-1: Kunststoffe - Bestimmung der Zugeigenschaften - Teil 1: Allgemeine Grundsätze, Beuth Verlag GmbH, Berlin, 2012

[DIN12b] Deutsches Institut für Normung e. V. (Hrsg.): DIN EN ISO 527-2: Kunststoffe - Bestimmung der Zugeigenschaften - Teil 2: Prüfbedingungen für Form und Extrusionsmassen, Beuth Verlag GmbH, Berlin, 2012

[DIN12c] Deutsches Institut für Normung e. V. (Hrsg.): DIN EN ISO 1333-1: Kunststoffe – Bestimmung der Schmelze-Massefließrate (MFR) und der Schmelze-Volumenfließrate (MVR) von Thermoplasten – Teil 1: Allgemeines Prüfverfahren, Beuth Verlag GmbH, Berlin, 2012

[DIN14] Deutsches Institut für Normung e. V. (Hrsg.): DIN EN ISO 11358-1: Kunststoffe - Thermogravimetrie (TG) von Polymeren - Teil 1 - Allgemeine Grundsätze, Beuth Verlag GmbH, Berlin, 2014

[DIN17] Deutsches Institut für Normung e. V. (Hrsg.): DIN EN ISO 11357-1: Kunststoffe - Dynamische Differenz-Thermoanalyse (DSC) - Teil 1 - Allgemeine Grundlagen, Beuth Verlag GmbH, Berlin, 2017

[DIN19] Deutsches Institut für Normung e. V. (Hrsg.): DIN EN ISO 1183-1: Kunststoffe – Verfahren zur Bestimmung der Dichte von nicht verschäumten Kunststoffen – Teil 1: Eintauchverfahren, Verfahren mit Flüssigkeitspyknometer und Titrationsverfahren, Beuth Verlag GmbH, Berlin, 2019

[DIN20a] Deutsches Institut für Normung e. V. (Hrsg.): DIN EN ISO 10365: Klebstoffe – Bezeichnung der wichtigsten Bruchbilder, Beuth Verlag GmbH, Berlin, 2020

[DIN20b] Deutsches Institut für Normung e. V. (Hrsg.): DIN EN ISO 19403-1: Beschichtungsstoffe – Benetzbarkeit – Teil 1: Begriffe und allgemeine Grundlagen, Beuth Verlag GmbH, Berlin, 2020

[DIN98] Deutsches Institut für Normung e. V. (Hrsg.): DIN EN ISO 1172: Textilglasverstärkte Kunststoffe - Prepregs, Formmassen und Laminate - Bestimmung des Textilglas- und Mineralfüllstoffgehalts Kalzinierungsverfahren, Beuth Verlag GmbH, Berlin, 1998

[Doe94] Dörfler, H.-D.: Grenzflächen- und Kolloidchemie, VCH Verlagsgesellschaft mbH, Weinheim, Weinheim, 1994

[Doo18] Doobe, M. (Hrsg.): Kunststoffe erfolgreich kleben: Grundlagen, Klebstofftechnologien, Best-Practice-Beispiele, Springer Vieweg Verlag, Wiesbaden, 2018

[DRE17] Dreyplas (Hrsg.): TDS L3000 - Physical Properties of LUBMER™ L3000, 2017

[Ehr06] Ehrenstein, GW (Hrsg.): Faserverbund-Kunststoffe, Werkstoffe - Verarbeitung - Eigenschaften, Carl Hanser Verlag, München, 2. Auflage, 2006

[Ehr11] Ehrenstein, GW: Polymer Werkstoffe, Struktur - Eigenschaften - Anwendung, Carl Hanser Verlag, München, 3. Auflage, 2011

[EMS11] EMS-Grivory (Hrsg.): Injection moulding LFT Long Fibre Thermoplastics, 2011

[Eoe86] Eötvös, R.: Über den Zusammenhang der Oberflächenspannung der Flüssigkeiten mit Ihrem MolekularVol.n, Analen der Physik, Vol. 263, Issue 3, 1886

[Erd10] Erden, S.; Server, K.; Seki, Y.; Sarikant, M.: Enhancement of the Mechanical Properties of Glass/polyester Composites via Matrix Modification Glass/polyester Composite Siloxane Matrix Modification, Fibers and Polymers Vol. 11, Nr. 5, S. 732-737, 2010

[Esc86] Escudie, E.: Pendent drop measurements of the polypropylene/polystyrene interfacial tension between 220°C and 270°C, Materials Chemistry and Physics, Vol. 14, Ausgabe 3, S. 239-246, 1986

[Esh57] Eshelby, JD: The determination of the elastic field of an ellipsoidal inclusion and related problems, Proceedings of the Royal Society of London. Serie A, Vol. 241, Issue 1226, S. 376-396, 1957

[Fli15] Fliegener, S.: Micromechanical finite elementmodeling of long fiber reinforcedthermoplastics, Karlsruher Institut für Technologie, Fakultät für Machinenbau, Diss., 2015

[Fow64] Fowkes, F. M.: Attractive Forces at Interfaces. In: Industrial and Engineering Chemistry Vol. 56, Nr. 12, S. 40-52, 1964

[Fri14] Friedrich K.: Introduction to composite materials, Lecture on Composite Materials, Kaiserslautern, Diss., 2014

[Fue18] Fuentes, C.A.; Zhang, Y.; Guo, H.; Woigk, W.; Masania, K.; Dransfeld, C.; Coninck, J.D.; Dupont-Gillain, C.; Seveno, D.; Van Vuure, A.W.: Predicting the adhesion strength of thermoplastic/glass interfaces from wetting measurements, Colloids and Surfaces A: Physicochem. Eng. Aspects, 2018

[Gao99a] Gao, Z.; Tsou, AH: Mechanical Properties of Polymers Containing Fillers, Journal of Polymer Science: Part B: Polymer Physics, Vol. 37, S. 155–172, 1999

[Gei17] Geis, J.; Koch, M.; Bruchmüller, M.: Influence of fiber length in basalt fiber filled thermoplastics on mechanical properties, 59th. International Scientific Colloquium, Engineering for a Changing World, Vol. 59, Issue 2.3.04, 9 Seiten, Ilmenau, 2017

[Gre11] Grellmann, W. (Hrsg.); Seidler, S. (Hrsg.): Kunststoffprüfung, Carl Hanser Verlag, München, 2. Auflage, 2011

[Gro09] Großmann, J.: Einfluß von Plasmabehandlungen auf die Haftfestigkeit vakuumtechnisch hergestellter Polymer-Metall-Verbunde, Universität Erlangen-Nürnberg, Erlangen, Diss., 2009

[Hab09] Habenicht, G.: Kleben - Grundlagen, Technologien, Anwendungen, VDI-Buch, Springer Vieweg Verlag, Berlin Heidelberg, 2009

[Hab17] Habenicht, G.: Kleben - erfolgreich und fehlerfrei: Handwerk, Praktiker, Ausbildung, Industrie, Springer Vieweg Verlag, Wiesbaden, 2017

[Hal17] Haldar, S.; Sain, T.; Ghosh, S.: A novel high symmetry interlocking micro-architecture design for polymer composites with improved mechanical properties, International Journal of Solids and Structures, Vol. 124, S. 161-175, 2017

[Hal69a] Halpin, JC; Tsai, SW: Effects of environmental factors on composite materials, Technical report AFML-TR-67-423, 1969

[Hal69b] Halpin, JC.: Stiffness and expansion estimates for oriented Short Fiber Composites. Journal of Composite Materials, Vol. 3, S. 732-734, 1969

[Hal69c] Halpin, JC.; Pagano, NJ: The laminate approximation for randomly oriented fibre composites, Journal of Composite Materials, Vol. 3, S. 720-724, 1969

[Hal97] Haldenwanger, H.-G.: Zum Einsatz alternativer Werkstoffe und Verfahren im konzeptionellen Leichtbau von PKW-Rohkarosserien., Dresden, Diss., 1997

[Hau02] Haufe, M.: Methoden zur Verbesserung der Adhäsion von Klebstoffen an metallischen Oberflächen, Universität Bielefeld, Fakultät für Chemie, Diss., 2002

[Haw52] Hawkins, W.D.: Physical Chemistry of Surface Films, Reinhold, New York, 1952

[Hea01] Hearle, J. W. S. (Hrsg.): High-performance fibres, erste Auflage, Woodhead Publishing Ltd, Cambridge, 2001

[Hil63] Hill, R.: ELASTIC PROPERTIES OF REINFORCED SOLIDS : SOME THEORETICAL PRINCIPLES, Journal of the Mechanics and Physics of Solids, Vol. 11, Nr. 5, S. 357-372, 1963

[Hil93] Hild, DN; Schwarts, P.: Plasma-Treated Ultra-High-Strength Polyethylene Fibers Improved Fracture Toughness of Poly(methyl methacrylate), Journal of Materials Science, Journal: Materials in Medicine,Vol. 4, Nr. 5, S. 481-493, 1993

[Hin14] Hine, P.; Parveen, B.; Brands, D.; Caton-Rose, F.: Validation of the modified rule of mixtures using a combination of fibre orientation and fibre length measurements, Composites Part A: Applied Science and Manufacturing, Vol. 64, S. 70-78, 2014

[Hir19] Hirn, U.; Smit, C.; Krainer, S.: The effect of viscosity and surface tension on inkjet printed picoliter dots, RSC Advances, Vol. 9, S. 31708-31719, 2019

[Hoo78] Hooke, R.: De Potentia Restitutiva, or of Spring Explaining the Power of Springing Bodies, London, 1678

[Hop17] Hopmann, C.; Michaeli, W.: Einführung in die Kunststoffverarbeitung, Carl Hanser Verlag, München, 8. Auflage, 2017

[INC15] INCOTELOGY GmbH (Hrsg.): Basalt Rovings - Technisches Datenblatt, 2015

[Jia18] Jiang, S.; Feng, X.; Mo, Y.; Zhao, Y.: Understanding the temperature and size dependence of the contact angle of Cu/Si(1 1 1): A molecular dynamics study, Computational Materials Science, Vol. 150, S. 222-229, 2018

[Joh04] Johannaber, F. (Hrsg.); Michaeli, W.(Hrsg.): Handbuch Spritzgießen, Carl Hanser Verlag, München, 2. Auflage, 2004

[Jue19] Jüntgen, T.: Grundlagen des Klebens: Wann Klebeverbindungen versagen - und warum, Konstruktions Praxis, Vogel Communications Group, 2019

[Kae70] Kaelble, D. H.: Dispersion-Polar Surface Tension Properties of Organic Solids, Journal Adhesion, Vol. 2, Nr. 2, S. 66-81, 1970

[Kai16] Kaiser, W.: Kunststoffchemie für Ingenieure: Von der Synthese bis zur Anwendung, Carl Hanser Verlag München, 4. Auflage, 2016

[Ken00] Kenny, J.M.; Manchado, M. A. L.; Biagiotti, J.; Torre, L.: Effects of Reinforcing Fibers on the Crystallization of Polypropylene, Polymer Engineering and Science, Vol. 40, Nr. 10, S. 2194-2204, 2000

[Kin87] Kinloch, A.J.: Adhesion and Adhesive, Chapman and Hall, London, 1987

[Kli19] Klingen, J.: Fügetechnologie Kleben: eine Anleitung für den zeitgemäßen und sicheren Klebprozess in Industrie und Handwerk, Wiley-VCH Verlag, Weinheim, 2019

[Kor19] Korkees, F.; Mosey, S.; Rees, A.; Llewelyn, G.: Investigation into fibre orientation and weldline reduction of injection moulded short glass-fibre/polyamide 6-6 automotive components, Journal of Thermoplastic Composite Materials, S. 1-26, 2019

[Kre64] Krenchel, H.: Fibre Reinforcement - theoretical and practical investigations of the elasticity and strength of fibre-reinforced materials, Akademisk Forlag, Copenhagen, 1964

[Kru79] Krüger, R.; Potente, H.: Oberflächenspannungen und Haftfestigkeiten bei Corona-vorbehandeltem PP, Adhäsion, Vol. 12, S. 381-389, 1979

[Kru80] Krüger, R.: Haftungsbestimmende Einflussgrößen beim Lackieren und Kleben von Thermoplasten, Technische Hochschule, Aachen, Diss., 1980

[Kur03] Kurkov, V.; Lakok, V.: Gewebe aus Stein, Industrial Fabrics, Vol. 2, S. 42-44, 2003

[Laf13] Lafranche, E.; Martins, Cl; Oliveira, VM; Krawczak, P.: Prediction of tensile properties of injection moulding flax fibre reinforced polypropylene from morphology analysis, Key Engineering Materials, Vols. 554-557, S. 1573-1582, 2013

[Lah96] Lahooti, S.; Del Rio, O. I.; Neumann, A. W.; and Cheng, P.: Axisymmetric Drop Shape Analysis (ADSA), In: Applied Surface Thermodynamics, Spelt, J., Vol. 63, Marcel Dekker Inc., New York, 1996

[LAN19] Lange+Ritter GmbH (Hrsg.): Faserverstärkungen aus Glasfaser - Festigkeiten im Vergleich, Gerlingen, 2019

[Lee08] Lee, J. K.: A study on validity of using average fiber aspect ratio for mechanical properties of aligned short fiber composites with different fiber aspect ratios, Arch Appl Mech, Vol. 78, S. 1-9, 2008

[Lee67] Lee, L. H.: Adhesion of High Polymers. I. Influence of Diffusion, Adsorption, and Physical State on Polymer Adhesion, Vol. 5, S. 751-760, 1967

[Liu08] Liu, J.: Untersuchung von Verbundwerkstoffen mit Basalt- und PBO-Faser-Verstärkung, Technische Universität Dresden Fakultät für Maschinenwesen, Dresden, Diss., 2008

[Lom15] MORI-TANAKA METHODS FOR MICROMECHANICS OF RANDOM FIBRE COMPOSITES, 20th International Conference on Composite Materials, Copenhagen, 2015

[Loo01] Loos, J.; Schimanski, T.; Hofman, J.; Peijs, T.; Lemstra, P.J.: Morphological investigations of polypropylene single-fibre reinforced polypropylene model composites, Polymer, Elsevier Science Ltd., Vol. 42, S. 3827-3834, 2001

[Mad11] Madsen, B.; Joffe, R.; Peltola, H.; Nättinen, K.: Short cellulosic fiber/starch acetatecomposites – micromechanicalmodeling of Young's modulus, Journal of Composite Materials, Vol. 45, Nr. 20, Seiten 2119–2131, 2011

[Mae96] MÄDER, E.; JACOBASCH, H.-J.; GRUNDKE, K.; UHLMANN, P.; SIMON, F.: Comparison of surface-chemical methods for characterizing carbon fiber-epoxy resin composites, Composite Interfaces, Vol. 3, Nr. 4, S. 293-320, 1996

[Mai16] Maier, RD (Hrsg.); Schiller, M. (Hrsg.): Handbuch Kunststoff-Additive, Carl Hanser Verlag, München, 4. vollständig überarbeitete Auflage, 2016

[Mai98] Maier, C.; Calafut, T.: Polypropylene, The Definite User's Guide and Databook, Plastics Design Library, 1998

[May06] Mayer, G.; Stöckelhuber, K.W.; Pristavok, R.; Terfloth, Ch.; Pollex, I.: Analyse und Modellierung der Haftungsmechanismen bei der Beschichtung und Verklebung von Papierwerkstoffen, Forschungsbericht, FKZ: 03C0346, 2006

[Men01] Menke, TJ: Maßschneidern der Eigenschaften von Polypropen Mischungenund Olefincopolymeren, Martin-Luther-Universität Halle-Wittenberg, Halle (Saale), Diss., 2001

[Mie95] Mieck, K.-P.; Nechwatal, A.; and Knobelsdorf, C.: Faser-Matrix-Haftung in Kunststoffverbunden aus thermoplastischer Matrix und Flachs; 2: die Anwendung von funktionalisiertem Polypropylen, Angew. Makromol. Chem., Vol. 225, Nr. 3890, S. 37-49, 1995

[Moe15] Mönnich, S.: Entwicklung einer Methodik zur Parameteridentifikation für Orientierungsmodelle in Spritzgießsimulationen, Otto-von-Guericke-Universität Magdeburg, Magdeburg, Diss., 2015

[Mog91] Moginger B, Muller U, Eyerer P.: Morphological Investigations of Injection Molded Fiber-Reinforced Thermoplastic Polymers, Composites, Vol. 22, Nr. 6, S. 432-436, 1991

[Mor73] Mori, T.; Tanaka, K.: Average stress in matrix and average elastic energy of materials with misfitting inclusions. Acta Metallic Materials, Vol. 21, S. 571-574, 1973

[Mur89] Murthy, N. S.; Stamm, M.; Sibilia, J. P.; Krimm, S.: Structural Changes Accompanying Hydration in Nylon 6, Macromolecules , Vol. 22, S. 1261-1267, 1989

[Nai97] Nairn, J. A.: On the Use of Shear-Lag Methods for Analysis of Stress Transfer in Unidirectional Composites, Mechanics of Materials, Vol. 26, S. 63-80, 1997

[Neu70] Neumann, A. W.: Significance and Determination of Quantities Connected With Surface Energy From An Industrial Viewpoint, Chemie Ingenieur Technik, Vol.42, Nr. 15, S. 969-977, 1970

[Nih96] Nihlstrand, A.: , Chalmers University of Technology Göteborg, Göteborg, Diss. 1996

[Njo07] Njobuenwu, D.; Oboho, EO; Gumus, RH: Determination of Contact Angle from Contact Area of Liquid Droplet Spreading on Solid Substrate, Leonardo Electronic Journal of Practices and Technologies, Vol. 6, 2007

[Oev00] Van den Oever, MJA; Bos, HL; Van Kemenade, MJJM: Influence of the Physical Structure of Flax Fibres on the Mechanical Properties of Flax Fibre Reinforced Polypropylene Composites, Applied Composite Materials, Vol. 7, S. 387–402, 2000

[Oss12] Osswald, TA, Menges, G.: Materials Science of Polymers for Engineers, Carl Hanser Verlag München, 3. Auflage, 2012

[Oum14] Oumer, AN; Bachtair, D.: Modeling and Experimental Validation of Tensile Properties of Sugar Palm Fiber Reinforced High Impact Polystyrene Composites, Fibers and Polymers, Vol.15, Nr.2, S. 334-339, 2014

[Owe69] Owens, D.; Wendt, R.: Estimation of the Surface Free Energy of Polymers, Journal of Applied Polymer Science, Vol. 13, S. 1741-1747, 1969

[Owe70] Owens, D.K: Some Thermodynamic Aspects of Polymer Adhesion, Journal of Applied Polymer Science, John Wiley and Sons, Vol. 14, S. 1725-1730, 1970

[Pai18] Paipetis, A. S.; Mechtcherine, V.; Liebscher, M.; Avgeropoulos, A.; Tzounis, L.; Tsirka, K.: Optimal synergy between micro and nano scale: Hierarchical all carbon composite fibers for enhanced stiffness, interfacial shear strength and Raman strain sensing, Composites Science and Technology Vol. 165, Heft 8, S. 240-249, 2018

[Pap97] Papathanasiou, TD; Guell, DC (Hrsg.): Flow induced alignment in composite materials, Woodhead Publishing Ltd., Cambridge, 1997

[Par99] Park, J. M.; Shin, W. G.; Yoon, D. J.: A Study of Interfacial Aspects of Epoxy-Based Composites Reinforced With Dual Basalt and SiC Fibres by Means of the Fragmentation and Acoustic Emission Techniques, Composites Science and Technology, Vol. 59, Nr. 3, S. 355-370, 1999

[Pfe10] Pfeifer, T.; Schmitt, R.: Qualitätsmanagement - Strategien, Methoden, Techniken, 4. Aufl., München, 2010

[Poc10] Pochly, F.; Fialová S.; Kozubkova, M.; Zavadil, L.: Study of the Adhesive Coef-ficient Effect on the Hydraulic Losses and Cavitation, International Journal of Fluid Machinery and Systems, Vol. 3, Nr. 4, S. 386-395, 2010

[Pot04] Potente, H.: Fügen von Kunststoffen - Grundlagen, Verfahren, Anwendung, Carl Hanser Verlag, München Wien, 2004

[Pot18] Potluri, R.; Diwakar, V.; Venkatesh, K.; Srinivasa Reddy, B.: Analytical Model Application for Prediction of Mechanical Properties of Natural Fiber Reinforced Composites, Materials Today, Proceedings 5, S. 5809–5818, 2018

[Pot78] Potente, H.; Krüger, R.: The importance of the polar and disperse fractions of the surface tension of plastomers and coating materials for the adhesive strength of bonded systems, Farbe & Lack, Vol. 84, S. 72-75, 1978

[Puc15] Puch, F.: Herstellung und Eigenschaften von Kohlenstoffnanoröhrchen-Polyamid 6-Kompositen, IKV Berichte aus der Kunststoffverarbeitung, Institut für Kunststoffverarbeitung an der RWTH Aachen, Band 251, Verlaggruppe Mainz GmbH, Aachen, Diss., 2015

[Rab71] Rabel, W.: Einige Aspekte der Benetzungstheorie und ihre Anwendung auf die Untersuchung und Veränderung der Oberflächeneigenschaften von Polymeren, Farbe und Lack, Vol. 77, Issue 10, S. 997-1005, 1971

[Rap15] Rapp, H.: Grundsätzliches - Brechnung von strukturellen Klebeverbindungen, Lightweight Design, Vol. 8, Issue 2, S. 16-23, 2015

[Reu29] Reuss, A.: Berechnung der Fließgrenze von Mischkristallen auf Grund der Plastizitätsbedingungen für Einkristalle, Journal für angewandte Mathematik und Mechanik, Band 9, S. 49-59, 1929

[Rhe20] Rhee, K. Y.; Khandelwal, S.:Recent advances in basalt-fiber-reinforced composites: Tailoring the fiber-matrix interface, Composites Part B: Engineering, Vol. 192, 2020

[Roe67] Roe, R.-J.: Surface Tension of Polymer Liquids, The Journal of Physical Chemistry, Vol. 72, Nr. 6, S. 2013-2017, 1967

[Rou19] Rouhi, MR; Juntikka, M.; Landberg, J., Wysocki, M.: Assessing models for the prediction of mechanical properties for the recycled short fibre composites, Journal of Reinforced Plastics and Composites, Vol. 38, Nr. 10, S. 454-466, 2019

[Rus13] Russell, B.P.; Kandan, K.; Deshpande, V.S.; Fleck, N.A.: The high strain rate response of UHMWPE: from fibre to laminate, International Journal of Impact, S. 1-21, 2013

[SAB18] Saudi Basic Industries Corporation (Hrsg.): SABIC® STAMAX™_30YM240_Global_Technical_Data_Sheet, URL: https://www.sabic.com/en/products/polymers/polypropylene-pp/sabic-stamax, abgerufen am 14.08.2019, 2019

[Sch03] Schultz, J.; Nardin, M.: Handbook of Adhesive Technology, 2. völlig überarbeitete Auflage, Marcel Dekker Inc., New York, 2003

[Sch07] Schürmann, H.: Konstruieren mit Faser-Kunststoff-Verbunden, VDI-Buch, Springer Vieweg Verlag, Berlin, 2007

[Sch18] Schricker, K.: Charakterisierung der Fügezone von laserbasiert gefügten Hybridverbunden aus teilkristallinen thermoplastischen Kunststoffen und Metallen, Universitätsverlag Ilmenau, Diss., 2018

[Sha13] Shah, D.U.: Characterisation and optimisation of the mechanical performance of plant fibre composites for structural applications, Univerity of Nottingham, Diss., 2013

[Sha20] Shang, Y.; Li, C.; Xu, H.; Li, J.; Jiang, S.: Structure/property relationship of semi-crystalline polymer during tensile deformation: A molecular dynamics approach, Cornell University, Soft Condensed Matter, S. 1-30, 2020

[Ste02] Stelzer, G.: Zum Faser- und Eigenschaftsabbau bei Verarbeitung und Recycling diskontinuierlich faserverstärkter Kunststoffe, Ramsen, Diss., 2002

[Sti89] Stipan, G.: Zur Haftung von Lacken auf Kunststoffoberfächen, Universität Stuttgart, Stuttgart, Diss., 1989

[Tah11] Taha, I.; Adin, YF: Modeling of strength and stiffnessof short randomly oriented glassfiber–polypropylene composites, Journal of Composite Materials, Vol. 45, Nr. 17, S. 1805–1821, 2011

[Tan86] Tandon, GP; Wenig, GJ: The effect of aspect ratio of inclusions on the elastic properties of unidirectionally aligned composites. Polymer Composites, Vol. 5, S. 327-333, 1984

[TEI20] Teijin Carbon Europe GmbH (Hrsg.): Tenax Filament Yarn - Produktdatenblatt (EU), Wuppertal, 2020

[Tho03] Thomas, S.; Joseph, P.V.; Joseph, K.; Pillai, C.K.S.; Prasad, V.S.; Groeninckx, G.; Sarkissova, M.: The thermal and crystallisation studies of short sisal fibre reinforced polypropylene composites, composites Part A: applied science and manufactoring, Vol. 34, S. 253-266, 2003

[Tho92] Thomason JL, Vanrooyen AA. Transcrystallized Interphase in Thermoplastic Composites , 1. Influence of Fiber Type and Crystallization Temperature, Journal of Material Science, Vol. 27, Nr. 4, S. 889-896, 1992

[Tim19] Timsina, S.: Investigation into mechanical properties to use recycled Polypropylene/Talc composites for car bumper application, Technical Journal, Vol. 1, Nr. 1, 2019

[Tsa68] Tsai, SW; Pagano, NJ: INVARIANT PROPERTIES OF COMPOSITE MATERIALS, AIR FORCE MATERIALS LAB WRIGHT-PATTERSON AFB, OHIO, S. 33, 1968

[Tuc99] Tucker, C.; Liang, E.: Stiffness predictions for unidirectional short - fiber composites: Review and evaluation, Composites Science and Technology, Nr. 59, S. 655-671, 1999

[Ven00] Vendramini, J.; Mele, P.; Merle, G.; Alberola, ND: Mechanical modeling of the transcrystalline interphase behavior in commingled PBT/Glass fiber composites, Journal of Applied Polymer Science, Vol. 77, Nr. 11, S. 2513-2524, 2000

[Vil12] Vilaseca, F.; Mutjé, P.; Pèlach, MÀ; Mansouri, NE; Boufi, S.: ANALYSIS OF THE TENSILE MODULUS OF POLYPROPYLENE COMPOSITES REINFORCED WITH STONE GROUNDWOOD FIBERS, BioResources, Vol. 7, Nr. 1, S. 1310-1323, 2012

[Voi89] Voigt, W.: Ueber die Beziehung zwischen den beiden Elastizitätsconstanten isotroper Körper, Annalen der Physik, 1889

[Voj63] Vojutzkii, S. S.: Autohesion and Adhesion of High Polymers (Polymer Reviews), John Wiley & Sons, New York, 1963

[Wal98] van der Wal, A.; Mulder, J.J.; Gaymans, R.J.: Fracture of polypropylene: 2. The effect of crystallinity, Polymer, Vol. 39, Nr. 22, S. 5477-5481, 1998

[Wel90] Weller, G.: Untersuchungen zum Einfluß der mechanischen Substratvorbehandlung auf die Haftfestigkeit an einem ausgewählten Polymer/Metall-Verbundsystem, Pädagogische Hochschule Halle-Köthen, Diss., 1990

[Wil15] Willems, F.; Bonten, C.: INFLUENCE OF PROCESSING ON THE FIBER LENGTH DEGRADATION IN FIBER REINFORCED PLASTIC PARTS, 24. Stuttgarter Kunststoffkolloquium, Vortragsreihe 1, S. 95-102

[Wil63] Wilhelmy, L.: Ueber die Abhängigkeit der Capillaritäts-Constanten des Alkohols von Substanz und Gestalt des benetzten festen Körpers, Annalen der Physik und Chemie, Vol. 195, Nr. 6, S. 177-217, 1863

[Wou03] Wouters, M.; de Ruiter, B.: Contact-angle development of polymer melts, Progress in Organic Coatings, Vol. 48, S. 207-213, 2003

[Wu71] Wu, S.: CALCULATION OF INTERFACIAL TENSION IN POLYMER SYSTEMS, Journal of Polymer Science Part C, Nr. 34, S. 19-30, 1971

[Wu96] Wu, H.C.; Li, V.C.; Chan, Y.W.: Effect of Plasma Treatment of Polyethylene Fibers on Interface and Cementitious Composite Properties, Journal of American Ceramics Society, Vol. 79, S. 700-704, 1996

[Yag17] Yaghoobi, H.; Fereidoon, A.: Modeling and optimization of tensile strength and modulus of polypropylene/kenaf fiber biocomposites using Box–Behnken re-sponse surface method, Polymer Composites Vol. 39, Issue S1, S. E463-E479, 2017

[You05] Young, T.: An Essay on the Cohesion of Fluids. Philosophical Transactions of the Royal Society of London, The Royal Society, London, Vol. 95, S. 65-87, 1805

[Yua08] YUAN, Q.; WU, D.; GOTAMA, J.; BATEMAN, S.: Wood Fiber Reinforced Polyethylene and Polypropylene Composites with High Modulus and Impact Strength, Sage Journal of THERMOPLASTIC COMPOSITE MATERIALS, Vol. 21, S. 195-208, Los Angeles, London, New Delhi and Singapore, 2008

[Zar17] Zare, Y.; Li, H. X.; Rhee, K. Y.: Mathematical Simplification of the Tandon–Weng Approach to the Mori–Tanaka Model for Estimating the Young's Modulus of Clay/Polymer Nanocomposites, The Journal of The Minerals, Metals & Materials Society, Vol. 69, Nr. 12, S. 2819-2824, 2017

[Zho11] Zhou, X.; Li, Y.; Lin, Q.: Thermal treatment effect on transcrystalline interphase and interfacial Shear Strengths of glass fibre/polypropylene composites, Iranian Polymer Journal, Vol. 20, Nr. 6, S. 503-511, 2011

[Zhu16] Zhu, D.; Huang, L.; Mobasher, B.; Yao, Y.; Zhang, H.: Tensile mechanical properties of basalt fiber reinforced polymer composite under varying strain rates and temperatures, Polymer Testing, Vol. 51, S. 29-39, 2016

[Zis63] Zisman, W. A.: Influence of constitution on adhesion, Industrial & Engineering Chemistry, Vol. 55, Nr. 10, S. 18-38, 1963

IV Anhang

A.1 Federverschlussdüse für KM80CX

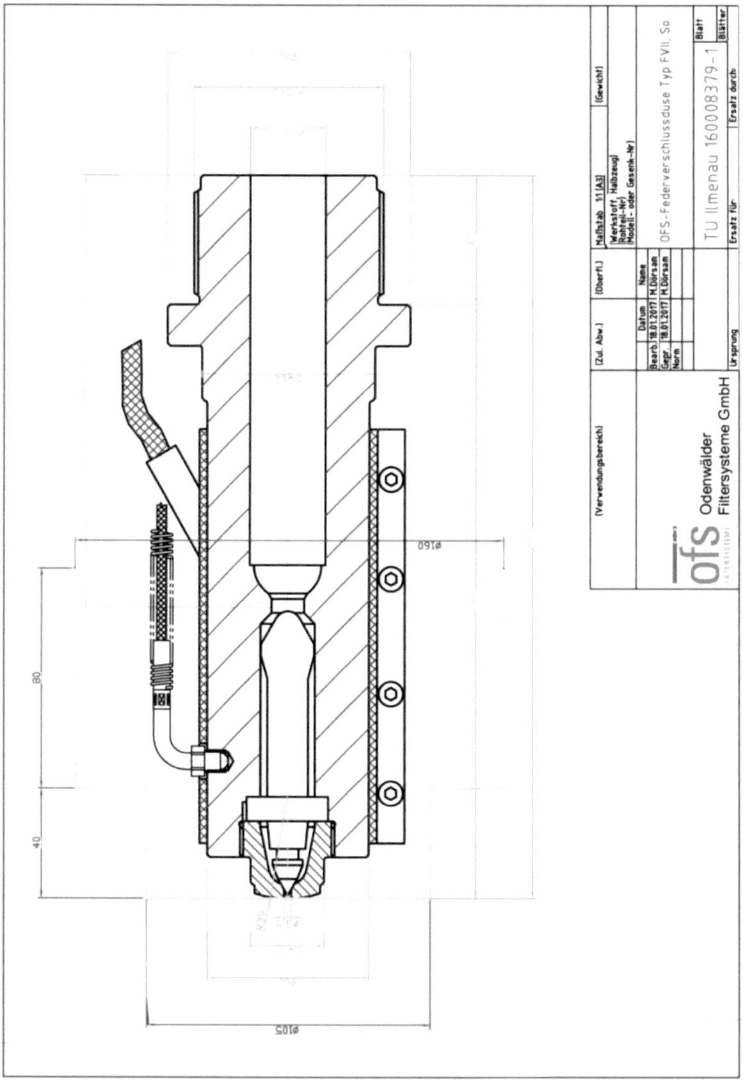

A.2 Anteil der Verstärkungsfaser in einer untersuchten PP-BF-DSC-Probe

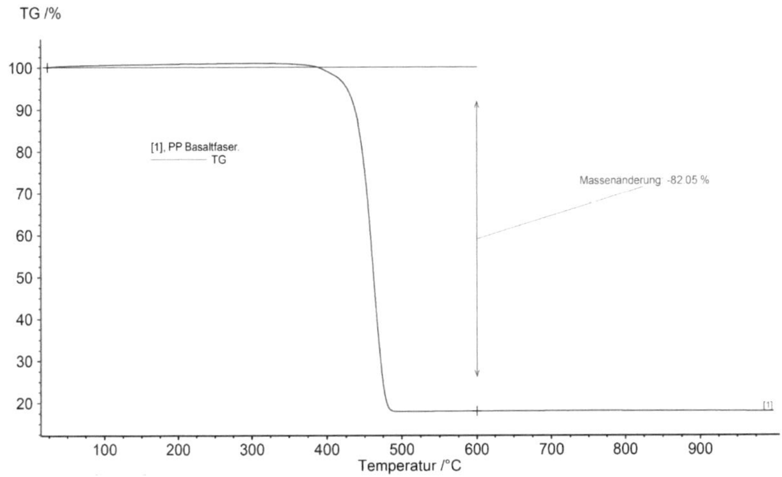

Die Masse der mineralischen Basaltfaser beträgt ca. 18,0 %.

V Abbildungsverzeichnis

VI Tabellenverzeichnis